BestMasters

Marvin Reinknecht

Ermittlung von Voraussetzungen zur Implementierung von Predictive Maintenance im Maschinen- und Anlagenbau

Eine qualitative Untersuchung

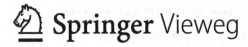 Springer Vieweg

Marvin Reinknecht
Ingenieurwissenschaften und
Mathematik
Hochschule Bielefeld
Paderborn, Deutschland

ISSN 2625-3577   ISSN 2625-3615   (electronic)
BestMasters
ISBN 978-3-658-46914-6   ISBN 978-3-658-46915-3   (eBook)
https://doi.org/10.1007/978-3-658-46915-3

Die Deutsche Nationalbibliothek verzeichnet diese Publikation in der Deutschen Nationalbiblio-
grafie; detaillierte bibliografische Daten sind im Internet über https://portal.dnb.de abrufbar.

Planung/Lektorat: Friederike Lierheimer
Springer Vieweg ist ein Imprint der eingetragenen Gesellschaft Springer Fachmedien Wiesbaden
GmbH und ist ein Teil von Springer Nature.
Die Anschrift der Gesellschaft ist: Abraham-Lincoln-Str. 46, 65189 Wiesbaden, Germany

Inhaltsverzeichnis

Abkürzungsverzeichnis

HLB	Hybride Leistungsbündel
IoT	Internet of Things
KI	Künstliche Intelligenz
PSS	Produkt-Service-Systeme
QDA	Qualitative Data Analysis
QIA	Qualitative Inhaltsanalyse

Abbildungsverzeichnis

Tabellenverzeichnis

Einleitung

1

Durch die fortschreitende Digitalisierung, den Fachkräftemangel sowie den steigenden Wettbewerbsdruck sind Unternehmen gezwungen die eigenen Geschäftsmodelle zu überprüfen und neu auszurichten. Viele Unternehmen entwickeln sich von produkt- zu serviceorientierten Anbietern.[1] Dieser Trend wird durch die Bedeutungsverlagerung von der Land- und Forstwirtschaft (Primärer Sektor) und dem produzierenden/verarbeitenden Gewerbe (sekundärer Sektor) hin zu Dienstleistungen (tertiärer Sektor) bekräftigt.[2] So arbeiteten 2022 bereits 75,2 % der Erwerbstätigen im Dienstleistungssektor.[3]

„Die Zukunft des Maschinenbaus liegt in Daten"[4]
Ein Dienstleistungsansatz, um dem steigenden Wettbewerbsdruck und Fachkräftemangel im Maschinen- und Anlagenbau zu begegnen, ist die Instandhaltungsstrategie Predictive Maintenance. Diese Strategie nutzt die fortschreitende Digitalisierung, indem Daten von Anlagen über Sensoren erfasst, mit Software analysiert und anschließend interpretiert werden.[5] Zukünftige Veränderungen oder Ausfälle

---

[1] Vgl. *Gerl, S.*, Innovative Geschäftsmodelle für industrielle Smart Services, 2020, S. 1 ff.; *Jensen, M./Brock, C.*, Smart Services und Industrial-Internet-of-Things auf Industriegütermärkten, 2022, S. 209 ff.; *Büchel, J./Engels, B.*, Digitalisierung der Wirtschaft in Deutschland, 2023, S. 4.

[2] Vgl. *Haller, S./Wissing, C.*, Dienstleistungsmanagement, 2022, S. 1 f.

[3] Vgl. *Statistisches Bundesamt*, Erwerbstätige im Inland nach Wirtschaftssektoren, 2023.

[4] *Dlugosch, G.*, Die Zukunft des Maschinenbaus liegt in Daten, 2021, S. 22.

[5] Vgl. *Gerl, S.*, Innovative Geschäftsmodelle für industrielle Smart Services, 2020, S. 14 ff.; *Neuhüttler, J. u. a.*, Künstliche Intelligenz in Smart-Service-Systemen, 2020, S. 212 ff.; *Foth, E.*, Smarte Services mit künstlicher Intelligenz, 2021, S. 3, 29 ff., 130 f.; *Bruhn, M./*

M. Reinknecht, *Ermittlung von Voraussetzungen zur Implementierung von Predictive Maintenance im Maschinen- und Anlagenbau*, BestMasters, https://doi.org/10.1007/978-3-658-46915-3_1

von Anlagen können so zeitlich prognostiziert werden. Für Nachfrager ergeben sich daraus verschiedene Mehrwerte, wie die Verringerung von Stillstandszeiten, Produktionsausfällen und Instandhaltungskosten sowie die Reduzierung von Folgeschäden jeder Art. Darüber hinaus ermöglicht die Prognose von Ausfällen eine effizientere Einsatz- und somit Kapazitätsplanung der Außendienstmitarbeiter sowie kürzere Einsatzzeiten, wodurch dem Fachkräftemangel entgegengewirkt werden kann. Zum anderen können sich Anbieter durch einen solchen Ansatz von dem Wettbewerb abgrenzen und neue Umsatzpotenziale ausschöpfen.[6]

1.1   Problem- und Aufgabenstellung

Dieser Wandel von produkt- zu serviceorientierten Leistungen bringt jedoch auch Herausforderungen mit sich. Das äußert sich bei Predictive Maintenance im Rahmen der Bearing-Point-Studie (2021) dadurch, dass im Jahr 2020 24 % der befragten Unternehmen weniger über die Potenziale diskutieren als im Jahr 2017 und stattdessen in die praktische Umsetzung übergehen (62,5 %) oder aber das Konzept verwerfen (37,5 %). Insgesamt führen damit 25 % aller befragten Unternehmen im Jahr 2020 keine Aktivitäten im Bereich Predictive Maintenance durch. Das sind 9 % mehr als im Jahr 2017. Zusätzlich ist der Anteil an Unternehmen, welche die Potenziale von Predictive Maintenance voll ausgeschöpft haben, lediglich um 1 % auf insgesamt 4 % angestiegen.[7] Aus diesen Zahlen lässt sich ableiten, dass Unternehmen Probleme bei der Implementierung sowie weiteren Optimierung von Predictive Maintenance haben und daher starker Handlungsbedarf besteht, diese Probleme zu identifizieren.

Auf Grund der Rückläufigkeit von Unternehmen, die vereinzelte Aktivitäten durchführen sowie der geringen Ausschöpfung des Potenzials, kann davon ausgegangen werden, dass die Probleme dafür unter anderem in der Vorbereitung und frühen Umsetzungsphase liegen. Daraus lässt sich schließen, dass die Erfüllung von technologischen sowie organisatorischen Voraussetzungen für eine erfolgreiche Implementierung von Predictive Maintenance Hürden für die Unternehmen

---

Hadwich, K., Smart Services im Dienstleistungsmanagement, 2022, S. 5 ff., 9; *Weiber, R.* u. a., Business- und Dienstleistungsmarketing, 2022, S. 53.

[6] Vgl. *Gerl, S.*, Innovative Geschäftsmodelle für industrielle Smart Services, 2020, S. 1; *Bruhn, M./Hadwich, K.*, Smart Services im Dienstleistungsmanagement, 2022, S. 28, 39; *Jensen, M./Brock, C.*, Smart Services und Industrial-Internet-of-Things auf Industriegütermärkten, 2022, S. 220 f.; *Matyas, K.*, Instandhaltungslogistik, 2022, S. 127 f.; *Winter, J.*, Smart Data, Smart Products, Smart Services, 2022, S. 503 f.

[7] Vgl. *Duscheck, F.* u. a., Predictive Maintenance Studie 2021, 2021, S. 5.

darstellen und das Konzept aus diesem Grund noch nicht so umfangreich verbreitet ist. Das liegt zum einen an dem Wandel der Voraussetzungen im Laufe der Zeit. Zum anderen ist der Standpunkt bei der Gewichtung von Voraussetzungen entscheidend. So ist es ein Unterschied, ob Voraussetzungen aus Anbieter- oder Nachfragerperspektive betrachtet und gewichtet werden.[8]

Für die Branche des Maschinen- und Anlagenbaus konnten zudem keine aktuellen qualitativ erhobenen Voraussetzungen bei den Recherchearbeiten im Rahmen dieser Arbeit ermittelt werden. Aus diesem Grund kann angenommen werden, dass viele Chancen und Potenziale von Predictive Maintenance noch nicht genutzt werden. Genau an diesem Problem setzt die vorliegende Masterarbeit an und legt den Fokus auf die Ermittlung von Voraussetzungen für den Maschinen- und Anlagenbau. Vor dem Hintergrund dieser Situation ergibt sich die folgende zentrale Fragestellung für die vorliegende Arbeit:

Was sind die Voraussetzungen für eine erfolgreiche Implementierung von Predictive Maintenance im Maschinen- und Anlagenbau?
Die Aufgabe dieser Masterarbeit besteht darin, die zentrale Fragestellung zu beantworten und einen Lösungsansatz zu entwickeln, um dem zuvor genannten Problem der Erfüllung der Voraussetzungen für eine erfolgreiche Implementierung von Predictive Maintenance im Maschinen- und Anlagenbau zu begegnen. In diesem Zusammenhang stellt die Ermittlung eben dieser Voraussetzungen explizit für den Maschinen- und Anlagenbau auf Basis einer qualitativen Datenerhebung den Kern dieser Arbeit dar.

1.2 Vorgehensweise und Ziel der Arbeit

Um mögliche Voraussetzungen zu identifizieren, werden zunächst Daten mittels qualitativer Interviews erhoben und anschließend im Sinne der qualitativen Inhaltsanalyse nach Mayring ausgewertet. Nach der Auswertung der Daten werden die ermittelten Voraussetzungen strukturiert in einem Modell veranschaulicht. Dieses kann sowohl von nachfragenden als auch anbietenden Unternehmen von Predictive Maintenance-Dienstleistungen der Maschinen- und Anlagenbaubranche als Grundlage für eine Implementierung verwendet werden.

---

[8] Vgl. *Duscheck, F.* u. a., Predictive Maintenance Studie 2021, 2021, S. 7 ff.

Die konkrete Erstellung von Geschäftsmodellen sowie eine tiefgehende detaillierte Erläuterung einzelner technologischer Komponenten sind keine Bestandteile
dieser Arbeit.

Das Ziel dieser wissenschaftlichen Arbeit liegt darin, einen Mehrwert dahin-
gehend zu schaffen, dass Unternehmen des Maschinen- und Anlagenbaus die
Implementierung von Predictive Maintenance auf Basis der Ergebnisse dieser
Arbeit effizienter und effektiver gestalten können. Dabei bedeutet Effizienz die
Dinge richtig zu machen und Effektivität die richtigen Dinge zu machen.[9]

1.3   Aufbau der Arbeit

Nach der Einleitung beginnt der Hauptteil dieser Arbeit, zu dessen Beginn
in *Kapitel 2* die theoretischen Grundlagen von Dienstleistungen anhand einer
kritischen Betrachtung der einschlägigen Literatur dargestellt werden. Nach
dem Top-Down-Ansatz werden im ersten Schritt Dienstleistungen im Allgemeinen sowie die dazu gehörenden hybriden Leistungsbündel und Smart Services
erläutert.

Da es sich bei Predictive Maintenance um eine Instandhaltungsstrategie
handelt, werden in *Kapitel 3* die Grundlagen der Instandhaltung aufgezeigt.

Aufbauend auf den vorherigen Kapiteln werden eine Begriffsklärung, die Ziele
sowie Mehrwerte und Herausforderungen von Predictive Maintenance in *Kapitel 4*
hergeleitet.

In *Kapitel 5* wird der heutige Einsatz und die Bedeutung von Predictive Maintenance in der unternehmerischen Praxis anhand einer quantitativen Studie von
BearingPoint vorgestellt.

Kapitel 6 dient als Bindeglied zwischen den theoretischen Grundlagen sowie
den folgenden Ausarbeitungen dieser Arbeit und beschreibt die Methodik zur
Informationsgewinnung. In diesem Kontext wird das Vorgehen bei der durchgeführten Primärdatenerhebung in Form von qualitativen Interviews sowie das
Vorgehen bei der Datenauswertung beschrieben.

Weiterführend werden die Daten aus den Interviews auf den wesentlichen Inhalt reduziert, als Kategoriensystem zusammengefasst und in *Kapitel 7*
dargelegt.

Diese dargestellten Interview-Daten werden in *Kapitel 8* auf Basis der in Kapitel 2, 3 und 4 erarbeiteten theoretischen Grundlagen analysiert und interpretiert.
Darauf aufbauend wird ein Modell hergeleitet, das die Voraussetzungen für eine

---

[9] Vgl. *Helmke, S.* u. a., Grundlagen und Ziele des CRM-Ansatzes, 2017, S. 8.

erfolgreiche Implementierung von Predictive Maintenance im Maschinen- und Anlagenbau beinhaltet.

Der letzte Teil dieser Arbeit – *Kapitel 9* – fasst als Fazit die gewonnenen Erkenntnisse zusammen, unterzieht die Arbeit einer kritischen Bewertung und gibt einen Ausblick hinsichtlich der Weiterentwicklung des in dieser Arbeit erstellten Modells der Voraussetzungen sowie über weiterführenden Forschungsbedarf.

An dieser Stelle wird darauf hingewiesen, dass aus Gründen der besseren Lesbarkeit, auf eine gleichzeitige Verwendung der Gender-Formen weiblich, männlich und divers in dieser Arbeit verzichtet wird. Sämtliche Personenbezeichnungen gelten gleichermaßen für alle Geschlechter.[10]

---

[10] Vgl. *Missel, S.*, Gender-Hinweis, 2023.

Dienstleistungen 2

Da es sich bei Predictive Maintenance um einen Smart Service handelt, wird nach dem Top-Down-Ansatz zunächst der übergeordnete Dienstleistungsbegriff sowie die Vertiefungen in industrielle Dienstleistungen und hybride Leistungsbündel erläutert. Folgend wird auf dieser Basis der Begriff Smart Service hergeleitet.[1]

2.1 Grundlagen der Dienstleistung

Nach Fourastié lässt sich die Wirtschaft in die drei Sektoren Land- und Forstwirtschaft (Primärer Sektor), produzierendes/verarbeitendes Gewerbe (sekundärer Sektor) und die Dienstleistungen (tertiärer Sektor) untergliedern.[2] Bezüglich dieser Aufteilung wird ersichtlich, dass Erwerbstätige zunehmend dem tertiären Sektor angehören und sich eine Dienstleistungsgesellschaft bildet.[3] Diese Entwicklung wird durch Daten des Statistischen Bundesamts für Deutschland bestätigt. Während 1952 lediglich 33,4 % der Erwerbstätigen im tertiären Sektor arbeiteten waren es 2022 bereits 75,2 %.[4] Ergänzend dazu lässt sich dieser Bedeutungszuwachs des Dienstleistungssektors anhand des Anteils an dem Bruttoinlandsprodukts ableiten. So ist der Anteil von rund 63,96 % im Jahr 1991

---

[1] Vgl. *Gerl, S.*, Innovative Geschäftsmodelle für industrielle Smart Services, 2020, S. 3.

[2] Vgl. *Fourastié, J. J. H.*, Die große Hoffnung des zwanzigsten Jahrhunderts, 1954, S. 30; *Haller, S./Wissing, C.*, Dienstleistungsmanagement, 2022, S. 1 f.

[3] Vgl. *Fourastié, J. J. H.*, Die große Hoffnung des zwanzigsten Jahrhunderts, 1954, S. 33; *Gerl, S.*, Innovative Geschäftsmodelle für industrielle Smart Services, 2020, S. 5.

[4] Vgl. *Statistisches Bundesamt*, Erwerbstätige im Inland nach Wirtschaftssektoren, 2023.

© Der/die Autor(en), exklusiv lizenziert an Springer Fachmedien Wiesbaden GmbH, ein Teil von Springer Nature 2025
M. Reinknecht, *Ermittlung von Voraussetzungen zur Implementierung von Predictive Maintenance im Maschinen- und Anlagenbau*, BestMasters,
https://doi.org/10.1007/978-3-658-46915-3_2

auf rund 69,3 % im Jahr 2022 angestiegen.[5] Zwei zentrale Treiber dieser Entwicklung sind zum einen die steigende individualisierte Nachfrage innerhalb der Gesellschaft und zum anderen der Digitalisierungsfortschritt.[6]

Eine allgemeingültige Definition für den Begriff der Dienstleistung ist der wissenschaftlichen Literatur nicht zu entnehmen. Dies liegt vor allem an der Heterogenität der Dienstleistungsbranche sowie der in vielen Fällen vorliegenden Schwierigkeit einer eindeutigen Unterscheidung von Diensten und Sachgütern.[7]

Dennoch lassen sich nach Corsten/Gössinger (2015) drei Gruppen an Definitionsansätzen bilden. Die erste Gruppe betrachtet die Dienstleistungsdefinition mit Hilfe einer Aufzählung von Beispielen und Branchen, was auch als enumerative Definition bezeichnet wird. Problematisch ist an diesem Ansatz zu sehen, dass diese Aufzählungen weder Vollständigkeit noch eine Entscheidung für jeden möglichen Betrachtungsfall bieten. Die zweite Gruppe begegnet der Dienstleistungsdefinition durch Einbeziehung aller Leistungen die eindeutig keine Sachleistungen darstellen. Dieser Ansatz wird als Negativdefinition bezeichnet und steht der Kritik gegenüber, dass die Einordnung als Dienst- oder Sachleistung vor allem für hybride Leistungen, die sowohl eine Dienst- als auch Sachkomponente beinhalten, nicht allgemeingültig erfolgen kann. Die dritte Gruppe verfolgt die Dienstleistungsdefinition auf Basis von konstitutiven Merkmalen, anhand derer wiederum vier Definitionsansätze unterschieden werden können. Dabei handelt es sich um die tätigkeitsorientierte, prozessorientierte, ergebnisorientierte und potenzialorientierte Definition. Für eine detaillierte Betrachtung der drei Definitionsgruppen wird auf die einschlägige Fachliteratur verwiesen.[8]

[5] Vgl.*Statistisches Bundesamt*, Bruttoinlandsprodukt 2020 für Deutschland – Begleitmaterial zur Pressekonferenz, 2021, S. 11; *Statistisches Bundesamt*, Inlandsproduktsberechnung – 4. Vierteljahr 2022, 2023, S. 18.

[6] Vgl. *Bruhn, M./Hadwich, K.*, Automatisierung und Personalisierung als Zukunftsdisziplinen des Dienstleistungsmanagements, 2020, S. 5.

[7] Vgl. *Klostermann, T.*, Optimierung kooperativer Dienstleistungen im technischen Kundendienst des Maschinenbaus, 2007, S. 10; *Corsten, H./Gössinger, R.*, Dienstleistungsmanagement, 2015, S. 17; *Galipoglu, E./Wolter, M.*, Typologien industrienaher Dienstleistungen: Eine Literaturübersicht, 2017, S. 171; *Bruhn, M./Hadwich, K.*, Automatisierung und Personalisierung als Zukunftsdisziplinen des Dienstleistungsmanagements, 2020, S. 23; *Gerl, S.*, Innovative Geschäftsmodelle für industrielle Smart Services, 2020, S. 6; *Haller, S./Wissing, C.*, Dienstleistungsmanagement, 2022, S. 9.

[8] Vgl. *Klostermann, T.*, Optimierung kooperativer Dienstleistungen im technischen Kundendienst des Maschinenbaus, 2007, S. 10; *Corsten, H./Gössinger, R.*, Dienstleistungsmanagement, 2015, S. 17; *Galipoglu, E./Wolter, M.*, Typologien industrienaher Dienstleistungen: Eine Literaturübersicht, 2017, S. 171; *Gerl, S.*, Innovative Geschäftsmodelle für industrielle Smart Services, 2020, S. 6; *Haller, S./Wissing, C.*, Dienstleistungsmanagement, 2022, S. 9.

Grundlegend lässt sich sagen, dass bei allen Definitionsansätzen Konsens darüber herrscht, dass die Integration des externen Faktors und die Immaterialität zwei zentrale Charakteristika einer Dienstleistung darstellen.[9] Eine weitere wichtige Betrachtung ist der Zeitpunkt, zu dem eine Dienstleistung erbracht wird. So gibt es entlang der Customer Journey eine Unterteilung in drei Phasen. Dabei handelt es sich um die Vor-Kauf-, Kauf-, und Nach-Kaufphase. Während die Vor-Kaufphase der Bereitstellung von notwendigen Informationen dient, beinhaltet die Kaufphase bspw. Lieferleistungen. In der anschließenden Nach-Kaufphase werden bspw. Inbetriebnahmen und digitale Leistungen angeboten.[10]

Ergänzend zu der zuvor diskutierten Definition lässt sich Dienstleistung hinsichtlich einer Systematisierung in die investive und konsumtive Dienstleistung unterteilen. Während sich die konsumtive Dienstleistung auf Konsumenten bezieht, sind Organisationen das Betrachtungsobjekt der investiven Dienstleistung, die wiederum in die rein investive und die industrielle Dienstleistung unterschieden werden kann. Rein investive Dienstleistungen werden von Dienstleistungsunternehmen und industrielle Dienstleistungen von produzierenden Unternehmen angeboten.[11] Da die qualitative Datenerhebung der vorliegenden Arbeit anhand des Maschinen- und Anlagenbaus durchgeführt wird, folgt eine Erläuterung industrieller Dienstleistungen sowie der darauf aufbauenden Produkt-Service-Systeme (PSS). An dieser Stelle wird darauf hingewiesen, dass die Begriffe hybride Leistungsbündel (HLB), Leistungsbündel, hybride Wertschöpfung und hybride Produkte in der wissenschaftlichen Literatur analog, zu dem durch PSS beschriebenen Sachverhalt, verwendet werden.[12] Im weiteren Verlauf dieser Arbeit wird in diesem Zusammenhang von HLB gesprochen.

Bei industriellen Dienstleistungen handelt es sich um immaterielle Leistungen eines produzierenden Unternehmens, die im Business-to-Business-Markt (B2B) anderen Unternehmen (Nachfragern) angeboten werden. Diese Dienstleistungen können direkt oder indirekt mit bestimmten Sachleistungen in Verbindung stehen und sind in den Wertschöpfungsprozessen des Nachfragers zu integrieren. Gemeinhin lässt sich die industrielle Dienstleistung in produktbegleitende Dienstleistungen und Performance Contracting unterteilen. Produktbegleitende

---

[9] Vgl. *Galipoglu, E./Wolter, M.*, Typologien industrienaher Dienstleistungen: Eine Literaturübersicht, 2017, S. 171 f.; *Haller, S./Wissing, C.*, Dienstleistungsmanagement, 2022, S. 9 f.

[10] Vgl. *Jensen, M./Brock, C.*, Smart Services und Industrial-Internet-of-Things auf Industriegütermärkten, 2022, S. 218.

[11] Vgl. *Spath, D./Demuß, L.*, Entwicklung hybrider Produkte, 2006, S. 467 ff.; *Gerl, S.*, Innovative Geschäftsmodelle für industrielle Smart Services, 2020, S. 8.

[12] Vgl. *Gerl, S.*, Innovative Geschäftsmodelle für industrielle Smart Services, 2020, S. 10 f.

Dienstleistungen werden in drei Varianten unterschieden und dienen der Absatz-
förderung von Sachgütern und der Steigerung des Kundennutzens. Bei diesen
Varianten handelt es sich, um gestaltende Dienstleistungen (bspw. Inbetriebnahme), betreuende Dienstleistungen (bspw. Wartung, Instandhaltung) und bera-
tende Dienstleistungen (bspw. Prozessberatung). Das Performance Contracting
ist hingegen ein neues Geschäftsmodell, dass den Verkauf von Leistungsbündeln
bestehend aus Sach- und Dienstleistungen vorsieht und in zwei Stufen aufgeteilt werden kann. Bei der ersten Stufe stellt eine Leistungsgarantie (bspw. Pay
on Availability) das Angebot dar. Dem gegenüber bildet eine Ergebnisgarantie
(bspw. Pay on Production) das Angebot der zweiten Stufe. Ein zentraler Unterschied zwischen den beiden Varianten von industriellen Dienstleistungen liegt
vor allem in dem Risikoumfang für Anbieter und Nachfrager. So trägt der Anbieter bei den produktbegleitenden Dienstleistungen einen geringeren und bei dem
Performance Contracting einen höheren Risikoanteil. Für den Nachfrager verhält
sich dies entsprechend umgekehrt.[13]

2.2   Hybride Leistungsbündel

Produkt-Service-Systeme (PSS) bzw. Hybride Leistungsbündel (HLB) bauen, wie
zuvor beschrieben, auf industriellen Dienstleistungen auf und stellen eine Kombination von verschiedenen Teilleistungen dar. Bei diesen Teilleistungen kann es
sich um Sach- und Dienstleistungen handeln.[14] Eine Sachleistung ist nach Goedkoop (1999) eine „greifbare Ware, die hergestellt wird, um verkauft zu werden
und die Bedürfnisse des Nutzers zu erfüllen."[15]

---

[13] Vgl. *Spath, D./Demuß, L.*, Entwicklung hybrider Produkte, 2006, S. 467 ff.; *Gerl, S.*,
Innovative Geschäftsmodelle für industrielle Smart Services, 2020, S. 8 ff.
[14] Vgl. *Spath, D./Demuß, L.*, Entwicklung hybrider Produkte, 2006, S. 470 ff.; *Meier, H./
Uhlmann, E.*, Hybride Leistungsbündel – ein neues Produktverständnis, 2012, S. 1 ff.; *Gorldt,
C. u. a.*, Product-Service Systems im Zeitalter von Industrie 4.0 in Produktion und Logistik, 2017, S. 369 f.; *Richter, H. M./Tschandl, M.*, Service Engineering – Neue Services
erfolgreich gestalten und umsetzen, 2017, S. 161; *Husen, C. v. u. a.*, Parameterbasierte Entwicklung von Dienstleistungen in Produkt-Service-Systemen, 2017, S. 317; *Husen, C. v. u. a.*,
Vom Prozessmodell zum digital erlebbaren Prototypen, 2020, S. 399; *Gerl, S.*, Innovative
Geschäftsmodelle für industrielle Smart Services, 2020, S. 10 f.; *Weiber, R. u. a.*, Business-
und Dienstleistungsmarketing, 2022, S. 71; *Haller, S./Wissing, C.*, Dienstleistungsmanagement, 2022, S. 319.
[15] *Goedkoop, M. J. u. a.*, Product Service systems, Ecological and Economic Basics, 1999,
S. 17. Originaltext: "A product is a tangible commodity manufactured to be sold. It is capable
of falling onto your toes and of fulfilling a user's need.".

Nach Spath/Demuß (2006) ist zusätzlich der Rechtsaspekt zu beachten, da mit dem Verkauf einer Sachleistung in den meisten Fällen eine Veränderung der Verfügungsrechte verbunden ist.[16] Dieser Rechtsaspekt ist im Sinne der Vollständigkeit zu nennen, wird jedoch im Verlauf dieses Teilkapitels nicht weiter betrachtet.

Ein HLB geht über produktbegleitende Dienstleistungen als Erweiterung einer Sachleistung hinaus. So können neben dem Anbieter auch der Nachfrager (externer Faktor) und Lieferanten in den Leistungserstellungsprozess integriert werden. Des Weiteren werden HLB mit einem Lebenszyklus beschrieben, über dessen Verlauf sowohl Sach- als auch Dienstleistungen je nach Kundenbedarf und Anbieterfähigkeit erneuert bzw. ausgetauscht werden können. Diese dabei entstehende Dynamik und Komplexität hebt die Wichtigkeit der Integration von Menschen sowie deren Qualifikation hervor. Die Kombination der entsprechenden Teilleistungen lässt sich kundenindividuell gestalten und kann reine Sach- und Dienstleistungen sowie bereits verbundene Sach- und Dienstleistungen enthalten (siehe Abbildung 2.1).[17]

Abbildung 2.1 Hybride Leistungsbündel. (Quelle: *Meier, H.; Uhlmann, E.*, Hybride Leistungsbündel, Berlin/Heidelberg, Springer Vieweg-Verlag, 2012, S. 4)

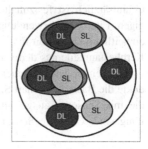

Je nach Sach- und Dienstleistungsanteil, können nach Tukker/Tischner (2004) und Meier/Uhlmann (2012) funktionsorientierte, verfügbarkeitsorientierte und ergebnisorientierte HLB unterschieden und als Nutzenmodelle betrachtet werden. Funktionsorientierte HLB haben einen höheren Sachleistungs- und geringeren Dienstleistungsanteil. In diesem Fall löst der Kunde die Dienstleistungserbringung aus und trägt die Produktionsverantwortung. Bei verfügbarkeitsorientierten HLB ist der Sachleistungs- und Dienstleistungsanteil ausgeglichen. Hier löst der

---

[16] Vgl. *Spath, D./Demuß, L.*, Entwicklung hybrider Produkte, 2006, S. 470 f.

[17] Vgl. *Meier, H./Uhlmann, E.*, Hybride Leistungsbündel – ein neues Produktverständnis, 2012, S. 6 f.

Anbieter die Dienstleistungserbringung aus, um die Verfügbarkeit zu gewährleisten und übernimmt einen Teil der Produktionsverantwortung. Ergebnisorientierte
HLB beinhalten einen geringeren Sachleistungs-, dafür jedoch einen höheren
Dienstleistungsanteil. In diesem Kontext liegt die Dienstleistungs- und Produktionsverantwortung bei dem Anbieter. Den Nutzenmodellen stehen Erlösmodelle
gegenüber, die mit der in Teilkapitel 2.1 beschriebenen Systematisierung des
Dienstleistungsbegriffs einher gehen. Demzufolge ist Pay on Order ein Erlösmodell für funktions-, Pay on Availability ein Erlösmodell für verfügbarkeits-
und Pay on Production ein Erlösmodell für ergebnisorientierte HLB.[18]

Es lässt sich festhalten, dass HLB ein neues Produktverständnis darstellen,
welches für den Nachfrager einen Mehrwert in Form der Steigerung des Kundennutzens und für den Anbieter eine Abgrenzungsmöglichkeit von der Konkurrenz
sowie die Verstärkung der Kundenloyalität und -bindung mit sich bringt.[19]

2.3   Smart Services

Grundsätzlich ist festzuhalten, dass verschiedene Definitionen in der einschlägigen Literatur Verwendung finden und bis heute keine Einigkeit über eine
einheitliche Definition für Smart Service existiert. Dennoch lassen sich folgende
Kernbestandteile aus den verschiedenen Definitionsansätzen ableiten.

Zum einen geht aus allen untersuchten Quellen hervor, dass intelligente Produkte die Basis von Smart Services darstellen. Dabei handelt es sich um Produkte
die mit Sensoren ausgestattet und bspw. durch das Internet kommunikations-
fähig sind. Über die Sensoren werden Daten generiert und an eine Datenbank

---

[18] Vgl. *Tukker, A.*, Eight types of product–service system: eight ways to sustainability? Experiences from SusProNet, 2004, S. 248; *Meier, H./Uhlmann, E.*, Hybride Leistungsbündel – ein
neues Produktverständnis, 2012, S. 9 ff.

[19] Vgl. *Meier, H./Uhlmann, E.*, Hybride Leistungsbündel – ein neues Produktverständnis,
2012, S. 4 ff.; *Gorldt, C. u. a.*, Product-Service Systems im Zeitalter von Industrie 4.0 in Produktion und Logistik, 2017, S. 369; *Bruhn, M. u. a.*, Handbuch Dienstleistungsmarketing,
2019, S. 494; *Gerl, S.*, Innovative Geschäftsmodelle für industrielle Smart Services, 2020,
S. 14.

übertragen.[20] Dabei werden große Datenmengen aus verschiedenen Datenquellen erzeugt, die als Big Data bezeichnet werden können. Big Data lässt sich durch das 5 V-Modell mit Volume (Größe der Datenmenge), Variety (Vielfältigkeit der Datenmenge), Velocity (Geschwindigkeit der Datenverarbeitung), Value (Unternehmenswert steigern) und Veracity (Glaubwürdigkeit der Daten) charakterisieren.[21] Für die Verarbeitung dieser großen Datenmengen können künstliche Intelligenzen (KI) eingesetzt werden, die Daten mit verschiedenen Verfahren (bspw. maschinelles Lernen und Data Mining) analysieren können.[22]

Diese gesammelten Daten und die entsprechenden Objekte (bspw. Maschinen) in Form von digitalen Zwillingen sind für die Anbieter, Nachfrager, Lieferanten sowie weitere Akteure auf einer digitalen Plattform durch das Internet of Things (IoT) einsehbar und können zu hybriden Leistungsbündeln kombiniert werden. Daraus entsteht ein Netzwerk, mit dem die Effizienz gesteigert und der Ressourceneinsatz optimiert werden kann.[23] Ergänzend dazu nennt Paluch (2017) die Automatisierung von Prozessen als weiteren Bestandteil von Smart Services.[24] Neuhüttler et al. (2020) und Tombeil et al. (2022) heben die hohe Komplexität von Smart Services hervor und geben die Integration von verschiedenen Partnern (auch aus anderen Fachrichtungen) als Möglichkeit an, um diese Komplexität

---

[20] Vgl. *Bullinger, H.-J.* u. a., Smart Services, 2017, S. 100 ff.; *Paluch, S.,* Smart Services, 2017, S. 165; *Wellsandt, S.* u. a., Modellierung der Lebenszyklen von Smart Services, 2017, S. 235 ff.; *Gerl, S.,* Innovative Geschäftsmodelle für industrielle Smart Services, 2020, S. 14 ff.; *Neuhüttler, J.* u. a., Künstliche Intelligenz in Smart-Service-Systemen, 2020, S. 212 ff.; *Roth, S.* u. a., Personalisierte Preise für Dienstleistungen, 2020, S. 368; *Foth, E.,* Smarte Services mit künstlicher Intelligenz, 2021, S. 3; *Bruhn, M./Hadwich, K.,* Smart Services im Dienstleistungsmanagement, 2022, S. 5 ff.; *Tombeil, A.-S.* u. a., Neue Wertschöpfung braucht ein erweitertes Qualitätsverständnis zur Gestaltung von Smart Service-Systemen, 2022, S. 507; *Husen, C. v.* u. a., Smart Tools für Smart Services, 2022, S. 483; *Weiber, R.* u. a., Business- und Dienstleistungsmarketing, 2022, S. 53.
[21] Vgl. *Gerl, S.,* Innovative Geschäftsmodelle für industrielle Smart Services, 2020, S. 16 ff.; *Foth, E.,* Smarte Services mit künstlicher Intelligenz, 2021, S. 17 ff., 118, 129 ff.; *Bruhn, M./Hadwich, K.,* Smart Services im Dienstleistungsmanagement, 2022, S. 7 ff.
[22] Vgl. *Foth, E.,* Smarte Services mit künstlicher Intelligenz, 2021, S. 29 ff., 130 f.; *Bruhn, M./Hadwich, K.,* Smart Services im Dienstleistungsmanagement, 2022, S. 9.
[23] Vgl. *Bullinger, H.-J.* u. a., Smart Services, 2017, S. 99 ff.; *Paluch, S.,* Smart Services, 2017, S. 170 ff.; *Wellsandt, S.* u. a., Modellierung der Lebenszyklen von Smart Services, 2017, S. 235 ff.; *Neuhüttler, J.* u. a., Künstliche Intelligenz in Smart-Service-Systemen, 2020, S. 212; *Weiber, R.* u. a., Business- und Dienstleistungsmarketing, 2022, S. 53.
[24] Vgl. *Paluch, S.,* Smart Services, 2017, S. 165.

zu bewältigen.[25] Zusätzlich ist nach Neuhüttler et al. (2020) zu beachten, dass die Leistungsbestandteile (Produkte und Dienstleistungen) von Smart Services individuelle Entwicklungs- und Lebenszyklen aufweisen.[26] Des Weiteren muss eine gewisse technische Infrastruktur vorhanden und mit einem angemessenen Datenschutz ausgestattet sein, um Smart Services anbieten zu können.[27] Darüber hinaus muss eine Individualisierung der technologischen Lösung und Nachvollziehbarkeit des Konzepts für den Kunden ermöglicht werden.[28] Insgesamt ist als Konsens festzuhalten, dass ein zentrales Ziel von Smart Services darin besteht, einen Mehrwert für den Kunden zu generieren.[29]

Die Anwendungsbereiche von Smart Services sind vielseitig, was zu unterschiedlichen Ausgestaltungsmöglichkeiten führt.[30] Aus diesem Grund und des industriellen Fokus dieser Arbeit werden industrielle Smart Services und die entsprechende Strukturierung in Smart Solutions, Smart Training und Smart Maintenance an dieser Stelle hervorgehoben. Smart Solutions decken im Kontext von neuen Geschäftsmodellen vorwiegend HLB ab. Die individualisierte und

---

[25] Vgl. *Neuhüttler, J.* u. a., Künstliche Intelligenz in Smart-Service-Systemen, 2020, S. 212; *Tombeil, A.-S.* u. a., Neue Wertschöpfung braucht ein erweitertes Qualitätsverständnis zur Gestaltung von Smart Service-Systemen, 2022, S. 507.

[26] Vgl. *Neuhüttler, J.* u. a., Künstliche Intelligenz in Smart-Service-Systemen, 2020, S. 213.

[27] Vgl. *Foth, E.*, Smarte Services mit künstlicher Intelligenz, 2021, S. 4; *Kenner, K./Seiter, M.*, Kundenakzeptanz von Subscription Models, 2022, S. 212; *Mallach, M.* u. a., Implikationen von Smart Services für Geschäftsmodelle und Preissysteme, 2022, S. 234.

[28] Vgl. *Mallach, M.* u. a., Implikationen von Smart Services für Geschäftsmodelle und Preissysteme, 2022, S. 234; *Matyas, K.*, Instandhaltungslogistik, 2022, S. 97 ff.

[29] Vgl. *Bullinger, H.-J.* u. a., Smart Services, 2017, S. 106; *Paluch, S.*, Smart Services, 2017, S. 165; *Wellsandt, S.* u. a., Modellierung der Lebenszyklen von Smart Services, 2017, S. 235; *Gerl, S.*, Innovative Geschäftsmodelle für industrielle Smart Services, 2020, S. 16; *Neuhüttler, J.* u. a., Künstliche Intelligenz in Smart-Service-Systemen, 2020, S. 215; *Bruhn, M./Hadwich, K.*, Smart Services im Dienstleistungsmanagement, 2022, S. 5 ff.; *Tombeil, A.-S.* u. a., Neue Wertschöpfung braucht ein erweitertes Qualitätsverständnis zur Gestaltung von Smart Service-Systemen, 2022, S. 507; *Husen, C. v.* u. a., Smart Tools für Smart Services, 2022, S. 483.

[30] Vgl. *Paluch, S.*, Smart Services, 2017, S. 168 f.

digitalisierte Wissensbereitstellung wird im Rahmen von Smart Training betrachtet. Der Bereich Smart Maintenance umfasst intelligente Instandhaltungen auf Grundlage von Daten wie z. B. bei Predictive Maintenance.[31]

Da Predictive Maintenance (Prädiktive Instandhaltung) den Kern dieser Arbeit darstellt, werden im folgenden Kapitel die Grundlagen der Instandhaltung erläutert.

---

[31] Vgl. *Husen, C. v.* u. a., Entwicklung von Smart Service-Leistungen mit Einsatz neuer Technologien, 2021, S. 219; *Husen, C. v.* u. a., Smart Tools für Smart Services, 2022, S. 484.

Grundlagen der Instandhaltung 3

Da es sich bei Predictive Maintenance im Wesentlichen um eine Instandhaltungsstrategie handelt, werden im Folgenden zunächst die Grundlagen der Instandhaltung aufgezeigt.

Eine Betrachtungseinheit (bspw. Produktionsanlage) verbraucht im Laufe der Zeit den vorhandenen Abnutzungsvorrat, der für die Funktionserfüllung notwendig ist.[1] Die Aufrechterhaltung dieser Funktionserfüllung bzw. Anlagenverfügbarkeit zu möglichst geringen Kosten und somit auch die Werterhaltung der Betrachtungseinheit sind die Hauptziele der Instandhaltung.[2]

Instandhaltung lässt sich definieren als die Gesamtheit aller Maßnahmen, die über den Lebenszyklus einer Einheit durchgeführt werden, um deren Funktionsfähigkeit zu gewährleisten.[3]

Die Instandhaltung ist ein Teilgebiet des Anlagenmanagements und lässt sich nach der DIN 31051 in die vier Grundmaßnahmen Wartung, Inspektion, Instandsetzung und Verbesserung unterteilen. Die Wartung beinhaltet alle Maßnahmen, die den Abbau des Abnutzungsvorrats verzögern und den Soll-Zustand bewahren. Maßnahmen mit denen der Ist-Zustand einer Betrachtungseinheit festgestellt und beurteilt sowie die Abnutzungsursachen identifiziert und daraus für die zukünftige Nutzung resultierende Auswirkungen abgeleitet werden können,

---

[1] Vgl. *Deutsches Institut für Normung e. V.*, DIN 31051:2012–09, Grundlagen der Instandhaltung, S. 8; *Biedermann, H./Kinz, A.*, Lean Smart Maintenance, 2021, S. 17.

[2] Vgl. *Freund, C.*, Die Instandhaltung im Wandel, 2010, S. 16; *Strunz, M.*, Instandhaltung, 2012, S. 13; *Biedermann, H./Kinz, A.*, Lean Smart Maintenance, 2021, S. 17.

[3] Vgl. *Deutsches Institut für Normung e. V.*, DIN 31051:2012–09, Grundlagen der Instandhaltung, S. 4.

bilden die Grundmaßnahme Inspektion. Die Instandsetzung dient der Wieder-
herstellung der Funktionsfähigkeit einer fehlerhaften Betrachtungseinheit auf
den Zustand vor dem Ausfall, ohne tatsächliche Verbesserungen vorzunehmen.
Bei einer Verbesserung handelt es sich um den Ausbau der Sicherheit, Zuverlässigkeit und Instandhaltbarkeit einer Betrachtungseinheit unter Verwendung
aller notwendigen, administrativen, technischen und Management-Maßnahmen
bei gleichzeitiger Beibehaltung der ursprünglichen Funktion.[4]

An dieser Stelle ist zu ergänzen, dass neben der hier betrachteten DIN
31051, auch die die DIN EN 13306 existiert. Diese unterteilt die Instandhaltung
in zeitpunktabhängige Instandhaltungsarten und nicht in die zuvor erläuterten
Grundmaßnahmen. Trotz dieses Unterschieds stehen die beiden DIN-Normen
nicht im Widerspruch zueinander.[5]

Eine elementare Entscheidung die Unternehmen im Kontext der Instandhaltung treffen müssen, besteht darin, ob die Instandhaltungsleistungen von internen
oder externen Ressourcen erbracht werden. Beide Varianten bringen Vorteile mit
sich. Dem entsprechend ist auch eine Kombination beider Varianten, also eine
Teilausgliederung der Instandhaltung, möglich.[6]

Für die Durchführung von Instandhaltungen lässt sich zwischen den Instandhaltungsstrategien reaktive (ausfallorientierte), präventive (vorbeugende) und
prädiktive (zustandsorientierte und vorausschauende) Instandhaltung unterschei-
den.[7]

Da der Fokus der vorliegenden Arbeit auf Predictive Maintenance (prädik-
tiver Instandhaltung) liegt, wird dieser Begriff im Folgenden näher erläutert.
Eine Abgrenzung zwischen den beiden anderen Instandhaltungsstrategien und
Predictive Maintenance folgt in Teilkapitel 4.3

---

[4] Vgl. *Freund, C.*, Die Instandhaltung im Wandel, 2010, S. 15 f.; *Freund, C./Ryll, F.*,
Grundlagen der Instandhaltung, 2010, S. 23 f.; *Deutsches Institut für Normung e. V.*, DIN
31051:2012–09, Grundlagen der Instandhaltung, S. 4; *Strunz, M.*, Instandhaltung, 2012, S. 3;
Biedermann, H./Kinz, A., Lean Smart Maintenance, 2021, S. 15 ff.

[5] Vgl. *Deutsches Institut für Normung e. V.*, DIN 31051:2012–09, Grundlagen der Instandhaltung, S. 4.

[6] Vgl. *Biedermann, H./Kinz, A.*, Lean Smart Maintenance, 2021, S. 97 ff.

[7] Vgl. *Freund, C./Ryll, F.*, Grundlagen der Instandhaltung, 2010, S. 23 ff.; *Strunz, M.*, Instandhaltung, 2012, S. 294 ff.; *Biedermann, H./Kinz, A.*, Lean Smart Maintenance, 2021, S. 53 ff.;
Beverungen, D. u. a., Smart Service für die prädiktive Instandhaltung zentraler Komponenten des Mittelspannungs-Netzes, 2022, S. 441 ff.; *Matyas, K.*, Instandhaltungslogistik, 2022,
S. 119 ff.

Charakterisierung von Predictive Maintenance als Instandhaltungsstrategie

4

Wie bereits in der Einleitung beschrieben, wird das Thema Predictive Maintenance unter anderem durch die zunehmende Digitalisierung und dem damit einhergehenden wachsenden Wettbewerbsdruck immer wichtiger.[1] Für ein einheitliches Verständnis von Predictive Maintenance wird im Folgenden zunächst eine Begriffsklärung auf Basis verschiedener Definitionsansätze aus der wissenschaftlichen Literatur vorgenommen. Darauf aufbauend erfolgt die Einordnung in den Dienstleistungskontext und die Abgrenzung von weiteren Instandhaltungsstrategien. Zur Vervollständigung werden die Ziele sowie Mehrwerte und Herausforderungen von Predictive Maintenance aufgezeigt.

4.1 Begriffsklärung

Im Allgemeinen ist Predictive Maintenance, wie in den Abschnitten 2.3 und 3 beschrieben, eine intelligente zustandsorientierte Instandhaltungsstrategie auf Datenbasis und somit ein Smart Service.[2] Darüber hinaus besteht eine grundsätzliche Einigkeit über die zentralen Definitionskomponenten von Predictive Maintenance, die in der folgenden Tabelle 4.1 aufgelistet werden.

---

[1] Vgl. *Biedermann, H./Kinz, A.*, Lean Smart Maintenance, 2021, S. 1 f.

[2] Vgl. *Husen, C. v.* u. a., Entwicklung von Smart Service-Leistungen mit Einsatz neuer Technologien, 2021, S. 219; *Husen, C. v.* u. a., Smart Tools für Smart Services, 2022, S. 484.

Tabelle 4.1 Definitionskomponenten von Predictive Maintenance

Definitionskomponenten	Übergreifende Quellen	Ergänzende Quellen
Sammeln von nahezu Echtzeitdaten mit Hilfe moderner Mess- und Prüftechnik	Ryll, F./Götze, J., 2010, S. 127 ff. Strunz, M., 2012, S. 297 f. Lughofer, E./ Sayed-Mouchaweh, M., 2019, S. 1 ff. Gerl, S., 2020, S. 25 Ayaz, B., 2021, S. 263 f.	Matzkovits, J., et al., 2017, S. 85 f. Foth, E., 2021, S. 5 Hankel, M., 2021, S. 154 f. Hübschle, K., 2021, S. 204 Brock, C./Jensen, M., 2022, S. 220 Winter, J., 2022, S. 503 f.
Daten- und Fehleranalyse	Biedermann, H., 2021, S. 55 Beverungen, D. et al., 2022, S. 437, 443 Bruhn, M./Hadwich, K., 2022, S. 16, 39	Matzkovits, J., et al., 2017, S. 85 f. Hübschle, K., 2021, S. 204
Prognose von zu erwartenden Veränderungen bzw. Ausfällen		Matzkovits, J., et al., 2017, S. 85 f. Hankel, M., 2021, S. 154 f. Brock, C./Jensen, M., 2022, S. 220 Winter, J., 2022, S. 503 f.
Ableiten und Einleiten von Instandhaltungsmaßnahmen		Hankel, M., 2021, S. 154 f. Brock, C./Jensen, M., 2022, S. 220 Winter, J., 2022, S. 503 f.
SOLL-IST-Vergleich	Ryll, F./Götze, J., 2010, S. 127 ff. Strunz, M., 2012, S. 298	
Notwendigkeit hoch qualifizierter Mitarbeiter	Strunz, M., 2012, S. 297 f.	

Quelle: Eigene Darstellung

Anhand der sechs aus der analysierten Fachliteratur abgeleiteten Definitions-komponenten, lässt sich Predictive Maintenance im Rahmen dieser Arbeit wie folgt definieren.

Die erste Definitionskomponente spiegelt das Sammeln von Daten, wenn mög-lich in Echtzeit, mit Hilfe von Mess- und Prüftechnik (wie bspw. Sensoren), wider. Dieses Sammeln und anschließende digitale Bereitstellen von Daten wird auch als Condition Monitoring bezeichnet.[3] Hier ist zu beachten, dass neben

---

[3] Vgl. *Ryll, F./Götze, J.*, Methoden und Werkzeuge zur Instandhaltung technischer Systeme, 2010127 ff.; *Strunz, M.*, Instandhaltung, 2012, S. 297 f.; *Matzkovits, J.* u. a., Predictive

diesen Zustandsdaten auch Produkt- und Prozessdaten benötigt werden.[4] Im weiteren Verlauf werden die gesammelten Daten und Fehler bspw. mit einer KI analysiert.[5] Ryll/Götze (2010) und Strunz (2012) sprechen in diesem Zusammenhang von einem Vergleich der IST- mit den SOLL-Zuständen.[6] Auf dieser Basis können zukünftige Veränderungen oder Ausfälle der Betrachtungseinheit zeitlich prognostiziert werden.[7] Als Resultat können Instandhaltungsmaßnahmen

---

Maintenance, 2017, S. 85 f.; *Lughofer, E./Sayed-Mouchaweh, M.*, Prologue: Predictive Maintenance in Dynamic Systems, 2019, S. 1 ff.; *Gerl, S.*, Innovative Geschäftsmodelle für industrielle Smart Services, 2020, S. 25; *Ayaz, B.*, Industrial Analytics, 2021, S. 263 f.; *Biedermann, H./Kinz, A.*, Lean Smart Maintenance, 2021, S. 55; *Foth, E.*, Smarte Services mit künstlicher Intelligenz, 2021, S. 5; *Hankel, M.*, Unterwegs lernen zu laufen, 2021, S. 154 f.; *Hübschle, K.*, Big Data, 2021, S. 204; *Beverungen, D.* u. a., Smart Service für die prädiktive Instandhaltung zentraler Komponenten des Mittelspannungs-Netzes, 2022, S. 437, 443; *Bruhn, M./Hadwich, K.*, Smart Services im Dienstleistungsmanagement, 2022, S. 16, 39; *Jensen, M./Brock, C.*, Smart Services und Industrial-Internet-of-Things auf Industriegütermärkten, 2022, S. 220; *Winter, J.*, Smart Data, Smart Products, Smart Services, 2022, S. 503 f.

[4] Vgl. *Beverungen, D.* u. a., Smart Service für die prädiktive Instandhaltung zentraler Komponenten des Mittelspannungs-Netzes, 2022, S. 443.

[5] Vgl. *Ryll, F./Götze, J.*, Methoden und Werkzeuge zur Instandhaltung technischer Systeme, 2010, S. 127 f.; *Strunz, M.*, Instandhaltung, 2012, S. 297 f.; *Matzkovits, J.* u. a., Predictive Maintenance, 2017, S. 85 f.; *Lughofer, E./Sayed-Mouchaweh, M.*, Prologue: Predictive Maintenance in Dynamic Systems, 2019, S. 1 ff.; *Gerl, S.*, Innovative Geschäftsmodelle für industrielle Smart Services, 2020, S. 25; *Ayaz, B.*, Industrial Analytics, 2021, S. 263 f.; *Biedermann, H./Kinz, A.*, Lean Smart Maintenance, 2021, S. 55; *Hübschle, K.*, Big Data, 2021, S. 204; *Beverungen, D.* u. a., Smart Service für die prädiktive Instandhaltung zentraler Komponenten des Mittelspannungs-Netzes, 2022, S. 437, 443; *Bruhn, M./Hadwich, K.*, Smart Services im Dienstleistungsmanagement, 2022, S. 36.

[6] Vgl. *Ryll, F./Götze, J.*, Methoden und Werkzeuge zur Instandhaltung technischer Systeme, 2010, S. 127 f.; *Strunz, M.*, Instandhaltung, 2012, S. 298.

[7] Vgl. *Ryll, F./Götze, J.*, Methoden und Werkzeuge zur Instandhaltung technischer Systeme, 2010, S. 127 ff.; *Strunz, M.*, Instandhaltung, 2012, S. 297 f.; *Matzkovits, J.* u. a., Predictive Maintenance, 2017, S. 85 f.; *Lughofer, E./Sayed-Mouchaweh, M.*, Prologue: Predictive Maintenance in Dynamic Systems, 2019, S. 1 ff.; *Gerl, S.*, Innovative Geschäftsmodelle für industrielle Smart Services, 2020, S. 1; *Ayaz, B.*, Industrial Analytics, 2021, S. 263 f.; *Biedermann, H./Kinz, A.*, Lean Smart Maintenance, 2021, S. 55; *Hankel, M.*, Unterwegs lernen zu laufen, 2021, S. 154 f.; *Beverungen, D.* u. a., Smart Service für die prädiktive Instandhaltung zentraler Komponenten des Mittelspannungs-Netzes, 2022, S. 437, 443; *Bruhn, M./Hadwich, K.*, Smart Services im Dienstleistungsmanagement, 2022, S. 28, 39; *Jensen, M./Brock, C.*, Smart Services und Industrial-Internet-of-Things auf Industriegütermärkten, 2022, S. 220; *Winter, J.*, Smart Data, Smart Products, Smart Services, 2022, S. 503 f.

abgeleitet und eingeplant werden.[8] Ergänzend hebt Strunz (2012) die Notwendigkeit von hoch qualifizierten Mitarbeitern für die Entwicklung einer solchen Strategie hervor.[9]

An dieser Stelle muss darauf hingewiesen werden, dass Zufallsausfälle trotz der durchgeführten Maßnahmen auch bei Predictive Maintenance nicht vollständig ausgeschlossen werden können.[10]

Die allgemeinen technologischen Voraussetzungen für Predictive Maintenance stimmen mit den, aus der wissenschaftlichen Literatur ermittelten, Kernelementen von Smart Services (siehe Teilkapitel 2.3) überein. Ergänzend dazu ist die Optimierung der Reduktion des Abnutzungsvorrats aus dem, in Kapitel 3 beschriebenen, Instandhaltungsgedanken als weitere Voraussetzung anzugeben. Diese Voraussetzungen werden in Kapitel 8 im Rahmen der Interpretation erneut aufgegriffen.

4.2   Einordnung in den Dienstleistungskontext

Da es sich bei Predictive Maintenance um eine Instandhaltungsstrategie und einen Smart Service handelt (siehe Teilkapitel 2.3), der neben einer physischen Komponente auch eine Dienstleistungskomponente enthalten kann, besteht die Möglichkeit Predictive Maintenance in Form eines hybriden Leistungsbündels zu vertreiben. So kann beispielsweise, wie in den Teilkapiteln 2.1 und 2.2 beschrieben, ein Maschinenbauhersteller ergänzend zu der Maschine als physischen Bestandteil einen Instandhaltungsvertrag für den Zeitraum nach der Inbetriebnahme als Dienstleistung anbieten. Dieser Vertrag kann mit der Überwachung

---

[8] Vgl. *Ryll, F./Götze, J.*, Methoden und Werkzeuge zur Instandhaltung technischer Systeme, 2010, S. 127 ff.; *Strunz, M.*, Instandhaltung, 2012, S. 297 f.; *Lughofer, E./Sayed-Mouchaweh, M.*, Prologue: Predictive Maintenance in Dynamic Systems, 2019, S. 1 ff.; *Gerl, S.*, Innovative Geschäftsmodelle für industrielle Smart Services, 2020, S. 25; *Ayaz, B.*, Industrial Analytics, 2021, S. 263 f.; *Biedermann, H./Kinz, A.*, Lean Smart Maintenance, 2021, S. 55; *Hankel, M.*, Unterwegs lernen zu laufen, 2021, S. 154 f.; *Beverungen, D. u. a.*, Smart Service für die prädiktive Instandhaltung zentraler Komponenten des Mittelspannungs-Netzes, 2022, S. 443; *Bruhn, M./Hadwich, K.*, Smart Services im Dienstleistungsmanagement, 2022, S. 39; *Jensen, M./Brock, C.*, Smart Services und Industrial-Internet-of-Things auf Industriegütermärkten, 2022, S. 220; *Winter, J.*, Smart Data, Smart Products, Smart Services, 2022, S. 503 f.

[9] Vgl. *Strunz, M.*, Instandhaltung, 2012, S. 298.

[10] Vgl. *Biedermann, H./Kinz, A.*, Lean Smart Maintenance, 2021, S. 55.

der Maschine und daraus resultierenden Instandhaltungsmaßnahmen im Rahmen von Predictive Maintenance als zusätzliche Dienstleistung erweitert werden.[11]

Daraus schlussfolgernd, lässt sich Predictive Maintenance im Kontext der Customer Journey (siehe Teilkapitel 2.1) in der Nach-Kaufphase einordnen.[12]

4.3 Abgrenzung von weiteren Instandhaltungsstrategien

Neben Predictive Maintenance (zustandsorientiert und vorausschauend) gibt es, wie in Kapitel 3 beschrieben, die reaktive (ausfallorientierte) und die präventive (vorbeugende) Instandhaltung.[13] Diese beiden Strategien werden im Folgenden von Predictive Maintenance abgegrenzt.

Bei der reaktiven Instandhaltung werden Ausfälle der Betrachtungseinheit bewusst zugelassen und keine vorbeugenden Maßnahmen durchgeführt. Erst nach dem Ausfall werden die entsprechenden Instandhaltungsmaßnahmen eingeleitet.[14] Der Vorteil dieser Strategie liegt darin, dass der Abnutzungsvorrat der Betrachtungseinheit in Gänze ausgenutzt wird. Nachteilhaft sind hingegen die langen Ausfallzeiten und hohen Kosten sowie der Einfluss auf weitere

---

[11] Vgl. *Gerl, S.*, Innovative Geschäftsmodelle für industrielle Smart Services, 2020, S. 38 ff.; *Jensen, M./Brock, C.*, Smart Services und Industrial-Internet-of-Things auf Industriegütermärkten, 2022, S. 220.

[12] Vgl. *Jensen, M./Brock, C.*, Smart Services und Industrial-Internet-of-Things auf Industriegütermärkten, 2022, S. 220.

[13] Vgl. *Freund, C./Ryll, F.*, Grundlagen der Instandhaltung, 2010, S. 23 ff.; *Strunz, M.*, Instandhaltung, 2012, S. 294 ff.; *Biedermann, H./Kinz, A.*, Lean Smart Maintenance, 2021, S. 53 ff.; *Beverungen, D. u. a.*, Smart Service für die prädiktive Instandhaltung zentraler Komponenten des Mittelspannungs-Netzes, 2022, S. 441 ff.; *Matyas, K.*, Instandhaltungslogistik, 2022, S. 119 ff.

[14] Vgl. *Freund, C./Ryll, F.*, Grundlagen der Instandhaltung, 2010, S. 23 ff.; *Strunz, M.*, Instandhaltung, 2012, S. 294 ff.; *Biedermann, H./Kinz, A.*, Lean Smart Maintenance, 2021, S. 53 ff.; *Beverungen, D. u. a.*, Smart Service für die prädiktive Instandhaltung zentraler Komponenten des Mittelspannungs-Netzes, 2022, S. 441 ff.; *Matyas, K.*, Instandhaltungslogistik, 2022, S. 119 ff.

Einheiten im entsprechenden Prozess.[15] Diese Strategie sollte daher nur für Betrachtungseinheiten von untergeordneter Bedeutung eingesetzt werden.[16]

Im Rahmen der präventiven Instandhaltung werden Maßnahmen, unter Voraussetzung der Kenntnis der zu erwartenden Lebensdauer, vor dem Ausfall der Betrachtungseinheit durchgeführt. Die Planung dieser Strategie kann periodisch, laufleistungs-, betriebs- oder zeitabhängig vorgenommen werden. Anders als bei Predictive Maintenance hat der Zustand der Betrachtungseinheit keinen Einfluss auf eine solche Planung.[17] Eine hohe Verfügbarkeit der Betrachtungseinheiten und ein hoher Planungsgrad bei der Instandhaltung sind als Vorteile zu nennen. Dem gegenüber steht der Nachteil einer insuffizienten Verwendung des Abnutzungsvorrats.[18] Kann der Ausfall einer Betrachtungseinheit bspw. Menschen gefährden ist dies eine geeignete Strategie. Zudem sind präventive Maßnahmen in bestimmten Bereichen gesetzlich vorgeschrieben.[19]

An dieser Stelle setzt Predictive Maintenance an und bündelt die Vorteile beider Strategien, wodurch der Mehrwert von Predictive Maintenance verdeutlicht wird.[20]

Die Wahl der Instandhaltungsstrategie hängt von verschiedenen Faktoren ab. Zum einen ist zu berücksichtigen, um was für Betrachtungseinheiten inklusive Ausfallverhalten es sich handelt. Kann der Ausfall bspw. gesundheitliche

---

[15] Vgl. *Freund, C./Ryll, F.*, Grundlagen der Instandhaltung, 2010, S. 23 ff.; *Strunz, M.*, Instandhaltung, 2012, S. 294 ff.; *Beverungen, D. u. a.*, Smart Service für die prädiktive Instandhaltung zentraler Komponenten des Mittelspannungs-Netzes, 2022, S. 441 ff.; *Matyas, K.*, Instandhaltungslogistik, 2022, S. 119 ff.

[16] Vgl. *Freund, C./Ryll, F.*, Grundlagen der Instandhaltung, 2010, S. 23 ff.; *Strunz, M.*, Instandhaltung, 2012, S. 294 ff.; *Biedermann, H./Kinz, A.*, Lean Smart Maintenance, 2021, S. 53 ff.; *Matyas, K.*, Instandhaltungslogistik, 2022, S. 119 ff.

[17] Vgl. *Freund, C./Ryll, F.*, Grundlagen der Instandhaltung, 2010, S. 23 ff.; *Strunz, M.*, Instandhaltung, 2012, S. 294 ff.; *Biedermann, H./Kinz, A.*, Lean Smart Maintenance, 2021, S. 53 ff.; *Beverungen, D. u. a.*, Smart Service für die prädiktive Instandhaltung zentraler Komponenten des Mittelspannungs-Netzes, 2022, S. 441 ff.; *Matyas, K.*, Instandhaltungslogistik, 2022, S. 119 ff.

[18] Vgl. *Freund, C./Ryll, F.*, Grundlagen der Instandhaltung, 2010, S. 23 ff.; *Strunz, M.*, Instandhaltung, 2012, S. 294 ff.; *Beverungen, D. u. a.*, Smart Service für die prädiktive Instandhaltung zentraler Komponenten des Mittelspannungs-Netzes, 2022, S. 441 ff.; *Matyas, K.*, Instandhaltungslogistik, 2022, S. 119 ff.

[19] Vgl. *Freund, C./Ryll, F.*, Grundlagen der Instandhaltung, 2010, S. 23 ff.; *Strunz, M.*, Instandhaltung, 2012, S. 294 ff.; *Matyas, K.*, Instandhaltungslogistik, 2022, S. 119 ff.

[20] Vgl. *Strunz, M.*, Instandhaltung, 2012, S. 294 ff.; *Biedermann, H./Kinz, A.*, Lean Smart Maintenance, 2021, S. 53 ff.; *Beverungen, D. u. a.*, Smart Service für die prädiktive Instandhaltung zentraler Komponenten des Mittelspannungs-Netzes, 2022, S. 441 ff.

oder andere Folgeschäden verursachen, ist der Einsatz einer reaktiven Instandhaltungsstrategie nicht möglich. Zum anderen hat die Nutzungsintensität der
Betrachtungseinheit einen Einfluss auf die Auswahl, da ohne deren Kenntnis
bspw. der Einsatz von Predictive Maintenance erschwert wird.[21]

Darüber hinaus spielen externe, sich ständig verändernde Faktoren der Unter-
nehmensumwelt, wie rechtliche Vorgaben, eine wichtige Rolle bei der Auswahl
einer Strategie.[22]

Abschließend ist festzuhalten, dass die Auswahl der Strategie für jeden
Anwendungsfall individuell auf Basis von durchgeführten Analysen erfolgt und
es aus diesem Grund in vielen Unternehmen einen Mix aus den verschiedenen
Instandhaltungsstrategien gibt.[23]

4.4   Ziele von Predictive Maintenance

Die zuvor hergeleitete Definition von Predictive Maintenance wird in diesem
Abschnitt um die Ziele ergänzt. Grundsätzlich lassen sich die Ziele in die drei
Kategorien Wirtschaftlichkeit, Produktqualität und Gesetze untergliedern (siehe
Abbildung 4.1).[24]

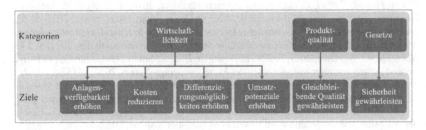

Abbildung 4.1   Ziele von Predictive Maintenance. (Quelle: In Anlehnung an *Matyas, K.*,
Ziele von Diagnosesystemen, 2022, S. 127)

---

[21] Vgl. *Strunz, M.*, Instandhaltung, 2012, S. 296 ff.

[22] Vgl. *Biedermann, H./Kinz, A.*, Lean Smart Maintenance, 2021, S. 56 ff.

[23] Vgl. *Freund, C./Ryll, F.*, Grundlagen der Instandhaltung, 2010, S. 34; *Biedermann, H./
Kinz, A.*, Lean Smart Maintenance, 2021, S. 58; *Matyas, K.*, Instandhaltungslogistik, 2022,
S. 120.

[24] Vgl. *Matyas, K.*, Instandhaltungslogistik, 2022, S. 127, mit freundlicher Genehmigung von
HANSER.

Die Kategorie der Wirtschaftlichkeit beinhaltet verschiedene Ziele, bei denen sowohl die Anbieter- als auch Nachfragerperspektive zu betrachten ist. Zum einen geht es darum, dass die Verfügbarkeit der Anlage bzw. der Betrachtungseinheit mit Hilfe von Predictive Maintenance gesteigert wird und somit Stillstandszeiten reduziert werden.[25] Dies führt zu dem zweiten Ziel der Kostenreduktion. Die Nachfrager streben in diesem Kontext nach der Reduzierung von Betriebs-, Ausfall-, Material- und Instandhaltungskosten. Auch die Anbieter haben das Ziel die Instandhaltungs- und internen Kosten gering zu halten, da sie in bestimmten Fällen das Risiko von Maschinenausfällen tragen müssen.[26] Zum anderen dient das Angebot von Predictive Maintenance den anbietenden Unternehmen eine Differenzierungsmöglichkeit gegenüber dem Wettbewerb. Damit einher geht das Ziel neue Umsatzpotenziale aufzudecken und zu nutzen.[27] Als zweite Kategorie kann die Produktqualität definiert werden. Dabei wird die Gewährleistung einer gleichbleibenden Qualität von Produkten und Prozessen als Ziel definiert.[28] Gesetze bilden die dritte Kategorie und haben die Gewährleistung von sicheren Prozessen, Anlagen und deren Umwelt als Hauptziel.[29]

Diese Ziele sind gleichzeitig als Mehrwerte anzusehen und bilden die Grundlage für weitere darauf aufbauende Mehrwerte. Im folgenden Teilkapitel werden

---

[25] Vgl. *Freund, C./Ryll, F.*, Grundlagen der Instandhaltung, 2010, S. 31; *Ayaz, B.*, Industrial Analytics, 2021, S. 266; *Biedermann, H./Kinz, A.*, Lean Smart Maintenance, 2021, S. 55; *Foth, E.*, Smarte Services mit künstlicher Intelligenz, 2021, S. 5; *Hankel, M.*, Unterwegs lernen zu laufen, 2021, S. 154 f.; *Huber, M./Oppermann, H.*, Machine Analytics, 2021, S. 230; *Hübschle, K.*, Big Data, 2021, S. 204; *Beverungen, D.* u. a., Smart Service für die prädiktive Instandhaltung zentraler Komponenten des Mittelspannungs-Netzes, 2022, S. 437 ff.; *Bruhn, M./Hadwich, K.*, Smart Services im Dienstleistungsmanagement, 2022, S. 16, 39; *Mallach, M.* u. a., Implikationen von Smart Services für Geschäftsmodelle und Preissysteme, 2022, S. 240; *Matyas, K.*, Instandhaltungslogistik, 2022, S. 125 ff.; *Pieringer, E./Totzek, D.*, Treiber der Adoption smarter Solutions im Business-to-Business-Kontext, 2022, S. 228.

[26] Vgl. *Biedermann, H./Kinz, A.*, Lean Smart Maintenance, 2021, S. 55; *Hübschle, K.*, Big Data, 2021, S. 204; *Beverungen, D.* u. a., Smart Service für die prädiktive Instandhaltung zentraler Komponenten des Mittelspannungs-Netzes, 2022, S. 443; *Bruhn, M./Hadwich, K.*, Smart Services im Dienstleistungsmanagement, 2022, S. 28, 36; *Matyas, K.*, Instandhaltungslogistik, 2022, S. 125 ff.; *Schnaars, N.* u. a., Performance-based Contracting im Maschinen- und Anlagenbau, 2022, S. 288.

[27] Vgl. *Jensen, M./Brock, C.*, Smart Services und Industrial-Internet-of-Things auf Industriegütermärkten, 2022, S. 221 f.

[28] Vgl. *Matyas, K.*, Instandhaltungslogistik, 2022, S. 127.

[29] Vgl. *Beverungen, D.* u. a., Smart Service für die prädiktive Instandhaltung zentraler Komponenten des Mittelspannungs-Netzes, 2022, S. 443; *Matyas, K.*, Instandhaltungslogistik, 2022, S. 127.

diese Mehrwerte erläutert und verschiedenen Herausforderungen gegenübergestellt.

4.5   Mehrwerte und Herausforderungen durch Predictive Maintenance

Sowohl für Anbieter als auch Nachfrager ergeben sich Mehrwerte und Herausforderungen im Kontext von Predictive Maintenance. Durch die Analyse
der einschlägigen Fachliteratur können vier zentrale Mehrwerte aus Nachfrager-
sowie drei aus Anbieterperspektive genannt werden. Dem gegenüber stehen drei
Herausforderungen die sowohl für Nachfrager als auch Anbieter gelten. Diese
ermittelten zentralen Mehrwerte und Herausforderungen werden im Folgenden
erläutert.

4.5.1   Mehrwerte

Als vier zentrale Mehrwerte aus Nachfragerperspektive können die Verringerung
von Stillstandszeiten, die damit einhergehende Verringerung von Produktionsausfällen, die Reduzierung von Folgeschäden jeder Art und die Verringerung
von Instandhaltungskosten aufgezeigt werden. Dadurch, dass Maschinenausfälle
im Rahmen von Predictive Maintenance zum Großteil nicht ungeplant auftre-
ten, sondern aktiv geplant werden, können die Stillstandszeiten der Anlagen
reduziert werden.[30] Daraus sowie durch prognostizierte Fehlerursachen ist eine
entsprechende Reduktion der Produktionsausfälle möglich.[31] Der dritte zentrale
Mehrwert entsteht aus der prädiktiven Instandhaltung von Anlagen, wodurch
Gefahren für Mitarbeiter und Folgeschäden an anderen Anlagen reduziert werden
können.[32] Als Resultat daraus ergibt sich der vierte zentrale Mehrwert in Form

---

[30] Vgl. *Ryll, F./Götze, J.*, Methoden und Werkzeuge zur Instandhaltung technischer Systeme,
2010, S. 126; *Strunz, M.*, Instandhaltung, 2012, S. 297 ff.; *Matyas, K.*, Instandhaltungslogistik, 2022, S. 127.

[31] Vgl. *Ryll, F./Götze, J.*, Methoden und Werkzeuge zur Instandhaltung technischer Systeme,
2010, S. 126; *Strunz, M.*, Instandhaltung, 2012, S. 297 ff.

[32] Vgl. *Strunz, M.*, Instandhaltung, 2012, S. 297 ff.; *Matyas, K.*, Instandhaltungslogistik,
2022, S. 127.

von Kostensenkungspotenzialen in den Bereichen Betriebs-, Ausfall-, Material- und Instandhaltungskosten.[33]

Aus Anbieterperspektive spielen die Differenzierungsmöglichkeiten gegenüber den Wettbewerbern durch Predictive Maintenance eine zentrale Rolle. So können bspw. individualisierte Leistungen erbracht, Predictive Maintenance als Dienstleistung auch für die Anlagen von Wettbewerbern angeboten und präventive Wartungsverträge der Wettbewerber übertroffen werden.[34] Demzufolge können für die Anbieter als weitere Mehrwerte vergrößerte Zielgruppen entstehen sowie neue Umsatzpotenziale generiert werden.[35]

4.5.2   Herausforderungen

Zu den drei zentralen Herausforderungen, denen sich Nachfrager und Anbieter gegenübersehen, gehört die unzureichende Digitalisierung, die Datensicherheit und die hohen Aufwände für die technischen Komponenten.

Die unzureichende Digitalisierung auf Seiten der Anbieter und vor allem der Nachfrager erschwert die Weiterentwicklung von digitalen Dienstleistungen, die notwendig sind, um die Mehrwerte von Predictive Maintenance ausschöpfen zu können.[36] Als zweite zentrale Herausforderung für die Nachfrager und Anbieter ist die Datensicherheit zu sehen, welche aus dem Datenschutz, der Cybersecurity, dem Notfallwesen sowie der Informationssicherheit besteht. Die Komplexität der Infrastruktur und die Angst vor einem Datenverlust sowie Verstöße gegen Datenschutzgesetzte spielen einen entscheidenden Faktor. Erschwerend kommt

---

[33] Vgl. *Ryll, F./Götze, J.*, Methoden und Werkzeuge zur Instandhaltung technischer Systeme, 2010, S. 126; *Strunz, M.*, Instandhaltung, 2012, S. 297 ff.; *Beverungen, D. u. a.*, Smart Service für die prädiktive Instandhaltung zentraler Komponenten des Mittelspannungs-Netzes, 2022, S. 443; *Bruhn, M./Hadwich, K.*, Smart Services im Dienstleistungsmanagement, 2022, S. 28, 36; *Kenner, K./Seiter, M.*, Kundenakzeptanz von Subscription Models, 2022, S. 203; *Matyas, K.*, Instandhaltungslogistik, 2022, S. 127; *Schnaars, N. u. a.*, Performance-based Contracting im Maschinen- und Anlagenbau, 2022, S. 288; *Winter, J.*, Smart Data, Smart Products, Smart Services, 2022, S. 504.

[34] Vgl. *Neuhüttler, J. u. a.*, Künstliche Intelligenz in Smart-Service-Systemen, 2020, S. 209; *Jensen, M./Brock, C.*, Smart Services und Industrial-Internet-of-Things auf Industriegütermärkten, 2022, S. 220 f.; *Kenner, K./Seiter, M.*, Kundenakzeptanz von Subscription Models, 2022, S. 211; *Winter, J.*, Smart Data, Smart Products, Smart Services, 2022, S. 504.

[35] Vgl. *Jensen, M./Brock, C.*, Smart Services und Industrial-Internet-of-Things auf Industriegütermärkten, 2022, S. 220 f.

[36] Vgl. *Foth, E.*, Smarte Services mit künstlicher Intelligenz, 2021, S. 4; *Schnaars, N. u. a.*, Performance-based Contracting im Maschinen- und Anlagenbau, 2022, S. 301.

an dieser Stelle hinzu, dass die Datensicherheit international nicht einheitlich definiert ist.[37] Hohe Aufwände für die technischen Komponenten sind die dritte zentrale Herausforderung. Bei diesen Aufwänden handelt es sich zum einen um Investitions- und Wartungskosten für Geräte und Software, die für Predictive Maintenance notwendig sind. Darüber hinaus fällt ein gewisser Aufwand für die initiale Anbindung der Datenquellen an die Infrastruktur sowie die kontinuierliche Datenerfassung und -verarbeitung an.[38]

Neben den zuvor erläuterten zentralen Mehrwerten und Herausforderungen gib es weitere die zu berücksichtigen sind, in dieser Arbeit jedoch nicht im Detail erläutert werden. Eine strukturierte Zusammenfassung und Gegenüberstellung aller ermittelten Mehrwerte und Herausforderungen von Predictive Maintenance wird in Tabelle 4.2 vorgenommen.[39]

---

[37] Vgl. *Neuhüttler, J.* u. a., Künstliche Intelligenz in Smart-Service-Systemen, 2020, S. 209; *Dzombeta, S.* u. a., Datensicherheit bei Smart Services und Cloud-Sicherheit und Datenschutz im Cloud-Computing, 2021, S. 289 ff.; *Jensen, M./Brock, C.*, Smart Services und Industrial-Internet-of-Things auf Industriegütermärkten, 2022, S. 220 f.

[38] Vgl. *Ryll, F./Götze, J.*, Methoden und Werkzeuge zur Instandhaltung technischer Systeme, 2010, S. 126 f.; *Strunz, M.*, Instandhaltung, 2012, S. 297 ff.; *Beverungen, D.* u. a., Smart Service für die prädiktive Instandhaltung zentraler Komponenten des Mittelspannungs-Netzes, 2022, S. 443; *Jensen, M./Brock, C.*, Smart Services und Industrial-Internet-of-Things auf Industriegütermärkten, 2022, S. 220 f.

[39] Vgl. *Ryll, F./Götze, J.*, Methoden und Werkzeuge zur Instandhaltung technischer Systeme, 2010, S. 126; *Strunz, M.*, Instandhaltung, 2012, S. 297 ff.; *Neuhüttler, J.* u. a., Künstliche Intelligenz in Smart-Service-Systemen, 2020, S. 209; *Dzombeta, S.* u. a., Datensicherheit bei Smart Services und Cloud-Sicherheit und Datenschutz im Cloud-Computing, 2021, S. 289 ff.; *Foth, E.*, Smarte Services mit künstlicher Intelligenz, 2021, S. 4; *Beverungen, D.* u. a., Smart Service für die prädiktive Instandhaltung zentraler Komponenten des Mittelspannungs-Netzes, 2022, S. 443; *Bruhn, M./Hadwich, K.*, Smart Services im Dienstleistungsmanagement, 2022, S. 28, 36; *Jensen, M./Brock, C.*, Smart Services und Industrial-Internet-of-Things auf Industriegütermärkten, 2022, S. 220 f.; *Kenner, K./Seiter, M.*, Kundenakzeptanz von Subscription Models, 2022, S. 203; *Matyas, K.*, Instandhaltungslogistik, 2022, S. 127; *Pieringer, E./Totzek, D.*, Treiber der Adoption smarter Solutions im Business-to-Business-Kontext, 2022, S. 228; *Schnaars, N.* u. a., Performance-based Contracting im Maschinen- und Anlagenbau, 2022, S. 288; *Winter, J.*, Smart Data, Smart Products, Smart Services, 2022, S. 504.

Tabelle 4.2 Mehrwerte und Herausforderungen von Predictive Maintenance

Mehrwerte	Herausforderungen
Verringerung der instandhaltungsbedingten Stillstandszeiten	Mangelnde Digitalisierung von Anbietern und Nachfragern
Verringerung von Produktionsausfällen	Datensicherheit
Vermeidung/Reduzierung von Folgeschäden und Erhöhung der Sicherheit	Hohe Investitions- und Wartungskosten der technologischen Bestandteile
Verringerung von Instandhaltungskosten	Hohe technische Komplexität
Differenzierungsmöglichkeiten für die Anbieter	Hohe Qualifikation der Instandhalter notwendig
Zugang zu neuen Kunden für die Anbieter	Hoher Planungsaufwand für Strategieentwicklung
Neue Umsatzpotenziale für die Anbieter	Zusätzliche Störquellen und möglicherweise Schwachstellen
Bessere Planbarkeit von Stillstandszeiten	Mehrstufigkeit der Wertschöpfungskette
Reduzierung unnötiger Reparaturen und Demontagen	Funktionsfähigkeit sicherstellen
Steigerung der Effizienz in der Instandhaltung	
Optimale Ausnutzung des Abnutzungsvorrats	
Optimale Ersatzteilplanung und dadurch verringerte Kapitalbindung	
Optimale Organisation und Kapazitätsplanung, dadurch bessere Ausnutzung der Instandhaltungskapazitäten	
Rückinformation an den Hersteller zwecks Schwachstellenbeseitigung	
Erhöhung der Produktqualität	
Anlagenlebensdaueroptimierung	

Quelle: Eigene Darstellung

Abschließend lässt sich auf Grundlage der Betrachtung von Mehrwerten und Herausforderungen erschließen, dass die Mehrwerte die Herausforderungen im

Allgemeinen überwiegen. Jedoch sollte diese Gegenüberstellung zur Entschei-
dungsunterstützung für oder gegen eine Einführung von Predictive Maintenance
bei jedem Anwendungsfall individuell für das entsprechende Unternehmen
betrachtet und abgewogen werden.

Das folgende Kapitel bietet einen Einblick in die unternehmerische Praxis
hinsichtlich des tatsächlichen Anwendungsumfangs von Predictive Maintenance.

Predictive Maintenance in der unternehmerischen Praxis

5

Um zu veranschaulichen, welche Bedeutung Predictive Maintenance besitzt, wird im Folgenden der Bedeutungszuwachs in der unternehmerischen Praxis anhand verschiedener Studien aus den Jahren 2017 und 2020 aufgezeigt. Im Anschluss daran werden die in der BearingPoint-Studie (2021) quantitativ ermittelten branchenübergreifenden Voraussetzungen hervorgehoben.

5.1 Heutiger Einsatz und Bedeutung

Die Bedeutung von Predictive Maintenance geht bereits aus der Studie von Frenus (2017) hervor, in der westeuropäische Unternehmen aus dem verarbeitenden Gewerbe befragt wurden. 80 % der befragten Unternehmen geben an, dass Predictive Maintenance essenziell für das verarbeitende Gewerbe ist und in Zukunft noch relevanter wird. Bestärkt wird dies durch die Angabe von 77 % der befragten Unternehmen, dass sich Predictive Maintenance zu einer Voraussetzung für die zukünftige Wettbewerbsfähigkeit entwickelt.[1] Diese Angaben gehen mit den Ergebnissen der quantitativen branchenübergreifenden BearingPoint-Studien aus den Jahren 2017 und 2020 einher. Aus der Gegenüberstellung der beiden BearingPoint-Studien (siehe Abbildung 5.1) lässt sich dieser Bedeutungszuwachs ableiten. So haben zwar im Jahr 2020 lediglich 22 % der befragten Unternehmen die Potenziale von Predictive Maintenance diskutiert, wohingegen es 2017 noch 46 % waren. Insgesamt betrachtet, ist dies jedoch eine positive Entwicklung, da viele der Unternehmen aus der reinen Diskussion zur praktischen Umsetzung von

---

[1] Vgl. *Frenus/T-Systems*, Customers' Voice: Predictive Maintenance in Manufacturing, 2017, S. 7.

M. Reinknecht, *Ermittlung von Voraussetzungen zur Implementierung von Predictive Maintenance im Maschinen- und Anlagenbau*, BestMasters, https://doi.org/10.1007/978-3-658-46915-3_5

Predictive Maintenance-Projekten übergegangen sind. Das wird dadurch deutlich, dass der jeweilige Anteil an Unternehmen, die in dem Jahr 2020 entweder Projekte oder Pilotprojekte durchgeführt haben im Vergleich zu 2017 um jeweils 7 % gestiegen ist. Es ist jedoch auch zu erwähnen, dass 25 % der befragten Unternehmen im Jahr 2020 keine Aktivitäten durchführten. Das sind 9 % mehr als im Jahr 2017. Der Anteil an Unternehmen, die die Potenziale voll ausgeschöpft haben, ist lediglich um 1 % auf insgesamt 4 % angestiegen.[2]

Diese Ergebnisse verdeutlichen auf der einen Seite, dass der Implementierungsgrad von Predictive Maintenance in der unternehmerischen Praxis gestiegen ist. Auf der anderen Seite wird jedoch deutlich, dass viele Unternehmen noch nicht das volle Potenzial von Predictive Maintenance ausschöpfen. Zudem weist die gestiegene Anzahl an inaktiven Unternehmen in diesem Themengebiet darauf hin, dass es bestimmte Faktoren gibt, die Unternehmen von der Umsetzung von Predictive Maintenance-Projekten abhalten.[3]

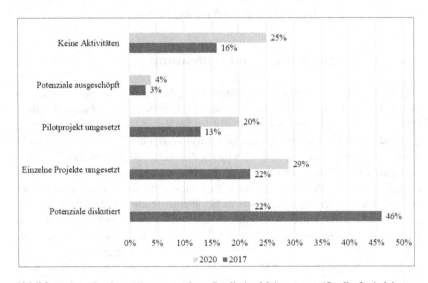

Abbildung 5.1 Implementierungsgrad von Predictive Maintenance. (Quelle: In Anlehnung an *Duscheck, F. u. a.*, Predictive Maintenance-Einsatz, 2021, S. 5)

---

[2] Vgl. *Duscheck, F.* u. a., Predictive Maintenance Studie 2021, 2021, S. 5.
[3] Vgl. *Duscheck, F.* u. a., Predictive Maintenance Studie 2021, 2021, S. 5.

An dieser Stelle ist zu erwähnen, dass sowohl in einer Studie von Autodesk aus dem Jahr 2017 als auch in der BearingPoint-Studie aus dem Jahr 2020 darauf hingewiesen wird, dass Unternehmen mit mehr Mitarbeitern mehr Aktivitäten im Bereich Predictive Maintenance durchführen.[4]

5.2 Quantitativ ermittelte Voraussetzungen aus Unternehmenssicht

Neben dem Implementierungsgrad werden in der BearingPoint-Studie (2021) zusätzlich Erfolgsfaktoren bzw. Voraussetzungen für eine erfolgreiche Predictive Maintenance-Implementierung betrachtet. In einer quantitativen Befragung ordnen Unternehmen die Abteilungsübergreifende Zusammenarbeit, die IT-Sicherheit und die Verfügbarkeit von (Echtzeit-)Daten als die wichtigsten Voraussetzungen für eine erfolgreiche Implementierung ein. Weitere wichtige Voraussetzungen sind die Datenaufbereitung und -analyse, die IT-Infrastruktur (Plattformen) sowie die Vernetzung und Integration der Sensoren. Als weniger wichtige Voraussetzungen, im Gesamtkontext dennoch notwendig, nennen die befragten Unternehmen das Commitment des Managements, ein professionelles Change-Management, eine gezielte Kompetenzentwicklung und eine Kooperation mit externen Partnern. Diese ermittelten Voraussetzungen lassen sich, wie in Tabelle 5.1 dargestellt, nach Technologie- und Organisationsorientierung unterteilen.[5]

Tabelle 5.1 Voraussetzungen für Predictive Maintenance laut Bearing-Point-Studie

Organisationsorientiert	Technologieorientiert
Abteilungsübergreifende Zusammenarbeit	IT-Sicherheit
Commitment des Managements	Verfügbarkeit von (Echtzeit-)Daten
Professionelles Change-Management	Datenaufbereitung- und Analyse
Gezielte Kompetenzentwicklung	IT-Infrastruktur (Plattformen)
Kooperation mit externen Partnern	Vernetzung und Integration von Sensoren

Quelle: In Anlehnung an *Duscheck, F. u. a.*, Erfolgsfaktoren, 2021, S. 10

---

[4] Vgl. *Bitkom Research/Autodesk*, Nutzung von Maschinen- und Sensordaten in Unternehmen 2017, 2017, S. 10; *Duscheck, F. u. a.*, Predictive Maintenance Studie 2021, 2021, S. 5.

[5] Vgl. *Duscheck, F. u. a.*, Predictive Maintenance Studie 2021, 2021, S. 10.

Angewendete Methoden 6

Auf Basis der analysierten Fachliteratur und unter Berücksichtigung der Ergebnisse der branchenübergreifenden quantitativ durchgeführten BearingPoint-Studie (2021), wird im Folgenden der methodische Weg zur Ermittlung von Implementierungsvoraussetzungen für Predictive Maintenance im Maschinen- und Anlagenbau mittels einer qualitativen Untersuchung im Rahmen dieser Arbeit erläutert. Zunächst wird beschrieben, was eine qualitative Datenerhebung ist und warum diese für die vorliegende Arbeit verwendet wird. Da in der vorliegenden Untersuchung das sogenannte problemzentrierte Interview als qualitatives Erhebungsinstrument angewendet wird, wird in einem weiteren Schritt zum einen die Auswahl des Erhebungsinstruments begründet und zum anderen der entsprechende Interviewleitfaden vorgestellt. Darauffolgend wird die Stichprobenauswahl hergeleitet. Abschließend wird das Vorgehen bei der Auswertung, Analyse sowie der Interpretation der erhobenen Daten anhand von Kriterien aus der wissenschaftlichen Literatur hergeleitet.

Somit bildet das vorliegende Kapitel einen thematischen Übergang von der theoretischen Evaluation von Predictive Maintenance zu den, im Rahmen dieser Arbeit erhobenen und analysierten Daten.

Ergänzende Information Die elektronische Version dieses Kapitels enthält Zusatzmaterial, auf das über folgenden Link zugegriffen werden kann https://doi.org/10.1007/978-3-658-46915-3_6.

6.1   Qualitative Datenerhebung

Bevor eine Datenerhebung stattfinden kann, muss festgelegt werden, ob diese
qualitativ oder quantitativ durchgeführt werden soll. Bei einer qualitativen Datenerhebung liegt in der Regel nicht-numerisches Datenmaterial in Form von Texten,
Audioaufnahmen, Bildern oder Videos vor.[1] Da die Erhebung und Analyse solcher Daten zeitintensiv ist, werden i. d. R. kleine Stichprobengrößen verwendet.[2]
Zudem ist eine qualitative Datenerhebung explorativ und induktiv ausgerichtet.[3]
Ein weiteres Merkmal besteht darin, dass Datenerhebungen weitgehend zirkulär
verlaufen sollten. Das heißt, die Ergebnisse der ersten Erhebungen haben Einfluss
auf die Durchführung der weiteren Erhebungen.[4] Darüber hinaus gibt es für die
Durchführung von qualitativen Datenerhebungen verschiedene Methoden. Dazu
gehören bspw. qualitative Beobachtungen, Fragebögen, Dokumentenanalysen,
Gruppendiskussionen und Interviews unterschiedlichster Varianten.[5]

Der qualitativen steht die quantitative Datenerhebung gegenüber, bei der
numerisches Datenmaterial statistisch auszuwerten ist.[6] Das Vorgehen ist dabei
im Gegensatz zur qualitativen Datenerhebung nicht induktiv, sondern deduktiv ausgerichtet.[7] Zudem ermöglicht die Standardisierung der Vorgehensweisen
und Methoden bei der Datenerhebung die Verwendung von umfangreicheren
Stichprobengrößen als bei der qualitativen Datenerhebung. Grundsätzlich lässt
sich die Stichprobengröße für die quantitative Datenerhebungen mithilfe einer
Formel berechnen. Im Idealfall ist eine Stichprobe für die Grundgesamtheit
der Merkmalsträger repräsentativ und lässt sich generalisieren.[8] Als Methoden

---

[1] Vgl. *Steffen, A./Doppler, S.*, Einführung in die Qualitative Marktforschung, 2019, S. 2 ff.;
Kuckartz, U./Rädiker, S., Qualitative Inhaltsanalyse. Methoden, Praxis, Computerunterstüt-
zung, 2022, S. 15 ff.; *Mayring, P.*, Qualitative Inhaltsanalyse, 2022, S. 17 ff.; *Döring, N.*,
Datenanalyse, 2023, S. 589.

[2] Vgl. *Steffen, A./Doppler, S.*, Einführung in die Qualitative Marktforschung, 2019, S. 3 f.;
Mayring, P., Qualitative Inhaltsanalyse, 2022, S. 23.

[3] Vgl. *Steffen, A./Doppler, S.*, Einführung in die Qualitative Marktforschung, 2019, S. 4;
Döring, N., Datenanalyse, 2023, S. 589.

[4] Vgl. *Döring, N.*, Datenanalyse, 2023, S. 589.

[5] Vgl. *Steffen, A./Doppler, S.*, Einführung in die Qualitative Marktforschung, 2019, S. 25;
Döring, N., Datenanalyse, 2023, S. 589.

[6] Vgl. *Kuckartz, U./Rädiker, S.*, Qualitative Inhaltsanalyse. Methoden, Praxis, Computerunterstützung, 2022, S. 16; *Döring, N.*, Datenanalyse, 2023, S. 601.

[7] Vgl. *Döring, N.*, Wissenschaftstheoretische Grundlagen der empirischen Sozialforschung,
2023, S. 35.

[8] Vgl. *Kreis, H.* u. a., Marktforschung, 2021, S. 40 f., 69 ff.

für die quantitative Datenerhebung können bspw. strukturierte Beobachtungen, mündliche sowie schriftliche Befragungen mit standardisierten Fragebögen, psychometrische Tests und physiologische Messungen durchgeführt werden.[9]

Für eine hohe Qualität bei einer wissenschaftlichen Datenerhebung sind bestimmte Gütekriterien zu berücksichtigen. Bei den Gütekriterien für die quantitative Datenerhebung handelt es sich im Allgemeinen um die Objektivität, Reliabilität (Verlässlichkeit) und Validität (Gültigkeit). Die Validität kann zusätzlich in intern und extern unterschieden werden.[10] Diese Gütekriterien auch für die qualitative Datenerhebung zu verwenden, ist ohne Weiteres nicht möglich und würde aufgrund der methodologischen Grundannahmen zu Problemen führen. So ist bspw. bei einem persönlichen Interview keine Objektivität durch den Interviewer garantiert.[11] Hinsichtlich der Definition von Gütekriterien für die qualitative Datenerhebung existieren viele verschiedene Ansätze. In der Fachliteratur wird dabei am häufigsten auf den Ansatz von Lincoln/Guba (1985) verwiesen, welcher auch in der vorliegenden Arbeit bei der qualitativen Datenerhebung angewendet wird, da dieser sowohl eine eindeutige Definition als auch Struktur mit sich bringt. Nach diesem Ansatz bildet Glaubwürdigkeit als Oberkriterium die Basis für eine qualitative Datenerhebung. Um diesem gerecht zu werden, haben Lincoln/Guba (1985) folgende vier Gütekriterien festgelegt: Vertrauenswürdigkeit, Übertragbarkeit, Zuverlässigkeit und Bestätigbarkeit. Ein großer Vorteil dieses Ansatzes besteht darin, dass diese vier Kriterien den Kriterien der quantitativen Datenerhebung zugeordnet werden können. Zum einen werden vertrauenswürdige Ergebnisse und Interpretationen vorausgesetzt, was der internen Validität in quantitativen Modellen entspricht. Zum anderen wird die Übertragbarkeit dieser Ergebnisse und Interpretationen auf andere Sachverhalte betrachtet, was mit der externen Validität einhergeht. Die Zuverlässigkeit beinhaltet die Konsistenz des Forschungsprozesses und steht der Reliabilität gegenüber.

---

[9] Vgl. *Döring, N.*, Datenanalyse, 2023, S. 601.

[10] Vgl. *Steinke/Ines*, Die Güte qualitativer Marktforschung, 2009, S. 264 ff.; *Kruse, J.*, Qualitative Interviewforschung, 2015, S. 54 ff.; *Steffen, A./Doppler, S.*, Einführung in die Qualitative Marktforschung, 2019, S. 25 ff.; *Kuckartz, U./Rädiker, S.*, Qualitative Inhaltsanalyse. Methoden, Praxis, Computerunterstützung, 2022, S. 234 ff.; *Mayring, P.*, Qualitative Inhaltsanalyse, 2022, S. 118 ff.; *Döring, N.*, Qualitätskriterien in der empirischen Sozialforschung, 2023, S. 106 ff.

[11] Vgl. *Steinke/Ines*, Die Güte qualitativer Marktforschung, 2009, S. 264 ff.; *Kruse, J.*, Qualitative Interviewforschung, 2015, S. 54 ff.; *Kuckartz, U./Rädiker, S.*, Qualitative Inhaltsanalyse. Methoden, Praxis, Computerunterstützung, 2022, S. 234 ff.; *Mayring, P.*, Qualitative Inhaltsanalyse, 2022, S. 120 ff.

Die Bestätigbarkeit als viertes Kriterium stellt die Neutralität der Studienergeb-
nisse dar und bildet das Pendant zu der Objektivität.[12] Diese vier Gütekriterien
werden bei der Formulierung der Fragen, der Datenauswertung und -analyse
Anwendung finden.

Für die Beantwortung der Fragestellung dieser Arbeit wird eine qualitative
Primärdatenerhebung durchgeführt, unter der die Erhebung und erstmalige Darstellung von Daten durch die forschende Person selbst verstanden wird.[13] Dieses
Vorgehen ist damit zu begründen, dass die umfangreiche BearingPoint-Studie
(2021) zum einen auf einer quantitativen Datenerhebung basiert und zum anderen
die Voraussetzungen von Predictive Maintenance lediglich in einem Teilbereich
der Studie betrachtet werden. Darüber hinaus ist die BearingPoint-Studie (2021)
branchenübergreifend und nicht spezifisch auf den Maschinen- und Anlagenbau ausgerichtet. Zudem werden die Voraussetzungen durch die quantitative
Orientierung lediglich oberflächlich betrachtet. Im Gegensatz dazu stellen die
Voraussetzungen für Predictive Maintenance im Maschinen- und Anlagenbau
den Kern dieser Arbeit dar und sollen mithilfe der vorliegenden qualitativen
Untersuchung im Detail analysiert und interpretiert werden.

6.2 Problemzentriertes Interview als ausgewähltes Erhebungsinstrument

Im Kontext der vorliegenden Arbeit wird das problemzentrierte Interview als
Erhebungsinstrument für die Datenerhebung ausgewählt.

Die Datenerhebung mittels problemzentrierten Interviews wird gewählt, um
durch den direkten Kontakt zusätzliche Hintergrundinformationen, wie bspw. die
Berufserfahrung über die interviewte Person und deren Berufssituation zu erlan-
gen, was bei anderen Erhebungsmethoden nicht in der Form möglich ist. Durch
diese Sozialdaten können Antworten tiefergehend analysiert sowie interpretiert
und daraus folgend die Aussagekraft der der Daten besser beurteilt werden.
Zudem ermöglicht ein qualitatives Interview eine detaillierte und umfangreiche
Beantwortung von einzelnen (auch komplexen) Fragen. Darüber hinaus können
Zwischenfragen flexibel eingebaut werden, um Missverständnisse vorzubeugen
und tiefergehende Daten zu erheben.[14]

---

[12] Vgl. *Döring, N.*, Qualitätskriterien in der empirischen Sozialforschung, 2023, S. 106 ff.

[13] Vgl. *Döring, N.*, Empirische Sozialforschung im Überblick, 2023, S. 19 f.

[14] Vgl. *Döring, N.*, Datenerhebung, 2023, S. 353 f.

Ein problemzentriertes Interview ist teilstrukturiert und auf eine bestimmte Problemstellung fokussiert, wie in dieser Arbeit die Voraussetzungen von Predictive Maintenance im Maschinen- und Anlagenbau. Zudem dient diese Methode der Überwindung des Gegensatzes von Offenheit und Theoriegeleitetheit.[15]

Nach Witzel (2000) können sieben Phasen für den Ablauf von problemzentrierten Interviews definiert werden. Zu Beginn wird in der Erklärungsphase der zu interviewenden Person der Ablauf und das Ziel der Befragung erläutert und der Wunsch nach freier Meinungsäußerung verdeutlicht. Darauffolgend sind bestimmte Sozialdaten der Interviewteilnehmer abzufragen, was im Rahmen dieser Arbeit das Unternehmen in kodierter Form, die Branche, die Position und die Berufserfahrung betrifft. Die dritte Phase beinhaltet eine Einleitungsfrage als Übergang zu dem Thema der Problemstellung. Da bei der Auswahl der Stichprobe (siehe Teilkapitel 6.3) im Vorfeld auf Erfahrungen im Instandhaltungsbereich geachtet wird, lautet die Einleitungsfrage in dieser Datenerhebung wie folgt: „Wie führen Sie aktuell Instandhaltungen durch bzw. wie sieht der entsprechende Prozess aus?". Bestandteile der vierten Phase sind zum einen allgemeine Sondierungen in Form von weiteren Fragen zur Aufrechterhaltung des roten Fadens. Zum anderen können spezifische Sondierungen angewendet werden, um das Verstandene bestätigt zu bekommen oder Verständnisfragen zu klären. Phase fünf bezieht Ad-hoc-Fragen ein, die noch nicht beantwortete, jedoch für die Interviewvergleichbarkeit, relevante Themen behandeln und an passender Stelle oder am Ende des Interviews gestellt werden. Im Anschluss an jedes geführte Interview sind Notizen (Postskripte) zu den Rahmenbedingungen und erste Interpretationsideen anzufertigen. Im Kontext der letzten Phase wird eine qualitative Datenanalyse für die Transkripte durchgeführt.[16]

Die Anwendung dieses Erhebungsinstruments setzt voraus, dass der Interviewende bereits über Fachwissen zu den zu erhebenden Daten verfügt. Dies bietet den Vorteil, dass während des Gesprächs zusätzliche Verständnisfragen gestellt werden können. Ein weiterer Vorteil dieser Methode besteh darin, dass das Fachwissen des Interviewenden verwendet und mit den erhobenen Daten aus den Interviews abgeglichen werden kann.[17] Als Resultat sollen die Voraussetzungen für Predictive Maintenance in der Maschinen- und Anlagenbaubranche abgeleitet

[15] Vgl. *Witzel, A.*, Das problemzentrierte Interview, 2000; *Kurz, A. u. a.*, Das problemzentrierte Interview, 2009, S. 465 ff.; *Döring, N.*, Datenerhebung, 2023, S. 372 ff.

[16] Vgl. *Witzel, A.*, Das problemzentrierte Interview, 2000; *Döring, N.*, Datenerhebung, 2023, S. 372 f.

[17] Vgl. *Witzel, A./Reiter, H.*, Das problemzentrierte Interview, 2022, S. 104; *Döring, N.*, Datenerhebung, 2023, S. 372 f.

und mit den branchenübergreifenden Voraussetzungen aus der BearingPoint-Studie (2021) sowie der wissenschaftlichen Literatur abgeglichen werden (siehe Teilkapitel 8.3).

Trotz der Auswahl des problemzentrierten Interviews und nicht des Experteninterviews als Erhebungsinstrument, sind die interviewten Personen als Experten für das Thema Instandhaltung und Predictive Maintenance anzusehen, weshalb das Instrument als problemzentriertes Experteninterview bezeichnet werden kann.[18]

Zudem wird an dieser Stelle darauf hingewiesen, dass die Interviews aufgrund der Arbeitszeiten sowie geografischen Lagen der Interviewteilnehmer und des Interviewenden online über Microsoft Teams durchgeführt werden. Die Interviews werden unter Zustimmung der Teilnehmenden sowohl auditiv als auch visuell aufgenommen. Dafür unterzeichnen die Teilnehmenden bei Bedarf eine Einverständniserklärung, die über den Umgang mit den Aufzeichnungen und erhobenen Daten aufklärt. Durch die fortgeschrittene Digitalisierung im Zuge der COVID-19-Pandemie wird in dieser Arbeit davon ausgegangen, dass die Durchführung der Interviews in Form von Online-Meetings keinen negativen Einfluss auf die Erhebungsergebnisse hat.

Da es sich um eine teilstrukturierte Interview-Variante handelt, wird ein Interviewleitfaden als strukturgebendes Instrument eingesetzt, der variabel an Interviewsituationen angepasst werden kann.[19] Ein solcher Leitfaden wird auf Basis des Vorwissens aus der analysierten Fachliteratur erstellt.[20] Mit Hilfe eines Interviewleitfadens wird zudem eine Vergleichbarkeit zwischen den jeweiligen Interviews ermöglicht.[21] Ein Interviewleitfaden kann nach dem SPSS-Prinzip erstellt werden, wodurch das Grundprinzip der Offenheit und gleichzeitig eine Strukturierung des Leitfadens kombiniert werden können. SPSS ist ein Akronym und steht für Sammeln, Prüfen, Sortieren und Subsummieren. Dabei geht es im ersten Schritt darum alle Fragen aufzuschreiben, die für die Beantwortung der Forschungsfrage relevant sein können. Darauf aufbauend müssen die Fragen reduziert und ggf. umformuliert werden, sodass lediglich die wichtigsten Fragen übrigbleiben. Im dritten Schritt werden die Fragen sortiert und in Bündel aufgeteilt. Dies kann nach verschiedenen Kriterien erfolgen, wie bspw. nach der zeitlichen Abfolge der erfragten Ereignisse. Abschließend werden die

---

[18] Vgl. *Witzel, A./Reiter, H.*, Das problemzentrierte Interview, 2022, S. 101.

[19] Vgl. *Döring, N.*, Datenerhebung, 2023, S. 353.

[20] Vgl. *Kruse, J.*, Qualitative Interviewforschung, 2015, S. 153; *Döring, N.*, Datenerhebung, 2023, S. 353, 367.

[21] Vgl. *Döring, N.*, Datenerhebung, 2023, S. 367.

Fragen bzw. Fragenbündel in die Form eines Leitfadens übertragen. Dabei enthält die erste Spalte Leifragen bzw. Erzählaufforderungen, die jeweils ein Bündel mit subsummierten Fragen einleiten. Die jeweils subsummierten Fragen werden entweder in der zweiten Spalte als Stichworte bzw. Memos oder in der dritten Spalte als vorformulierte konkrete Nachfragen aufgeführt. Im Idealfall beantwortet die teilnehmende Person alle Leitfragen so ausführlich, dass alle Memos und konkreten Nachfragen enthalten sind. Sollten nicht alle Memos genannt worden sein, können sie als Impulse für die Aufrechterhaltung der Erzählung angewendet werden. Gleichermaßen ist mit nicht beantworteten konkreten Nachfragen zu verfahren. Zusätzlich ist darauf zu achten, dass die konkreten Nachfragen allen Teilnehmenden gestellt werden sollten. In der vierten Spalte des Leitfadens können beispielhafte Aufrechterhaltungsfragen formuliert werden, um das Gespräch weiterzuführen und das eigene Verstehen auszudrücken. Fragen, die keinem Bündel angehören, sind, wenn möglich, am Ende des Interviews zu stellen.[22] Vor all den Leit- und subsummierten Fragen kann eine Warm-up-Frage zu Beginn des Interviews gestellt werden, um in das Thema einzuleiten.[23] Nach Erstellung des Interviewleitfadens ist ein Pre-Test durchzuführen, um das Verständnis der Fragen, die Aufrechterhaltung der Aufmerksamkeit der Teilnehmenden, die Dauer des Interviews, die Kontinuität des Interviews und die Struktur des Leifadens zu überprüfen.[24] So wird der Interviewleitfaden hinsichtlich der Reihenfolge der Leitfragen und der Zugehörigkeit der subsummierten Fragen zu den jeweiligen Bündeln auf Basis der Ergebnisse des ersten Interviews (Pre-Test) angepasst, um die Durchführung der weiteren Interviews effektiver sowie effizienter zu gestalten. Der für die Datenerhebung dieser Arbeit erstellte Interviewleitfaden ist der Abbildung in Anhang I im elektronischen Zusatzmaterial zu entnehmen.

In dem folgenden Teilkapitel wird die Stichprobenauswahl begründet und die Interviewteilnehmer vorgestellt.

---

[22] Vgl. *Helfferich, C.*, Die Qualität qualitativer Daten, 2009, S. 182 ff.
[23] Vgl. *Kruse, J.*, Qualitative Interviewforschung, 2015, S. 219 ff.
[24] Vgl. *Kruse, J.*, Qualitative Interviewforschung, 2015, S. 235; *Steffen, A./Doppler, S.*, Einführung in die Qualitative Marktforschung, 2019, S. 30 ff.; *Kaiser, R.*, Qualitative Experteninterviews, 2021, S. 82 ff.; *Kreis, H.* u. a., Marktforschung, 2021, S. 128 ff.

6.3   Begründung der Stichprobenauswahl

Grundsätzlich sind bei der Stichprobenauswahl zwei Merkmale zu berücksichtigen: die Stichprobenart und der Stichprobenumfang. Die Stichprobenart beschreibt, wie die Teilnehmenden ausgewählt werden. An dieser Stelle kann im Allgemeinen zwischen einer zufälligen und einer nicht-zufälligen Stichprobenziehung unterschieden werden. Für die Stichprobenauswahl der vorliegenden Datenerhebung wird die nicht-zufällige Stichprobenziehung ausgewählt, um den Fokus auf den Maschinen- und Anlagenbau lenken zu können. Zudem ermöglicht die bewusste Auswahl von Teilnehmenden die Bildung von Mustern.[25]

Der Stichprobenumfang definiert, wie viele Merkmalsträger betrachtet werden. Generell gilt, dass die Aussagekraft mit steigendem Stichprobenumfang wächst. Bei qualitativen Erhebungen wird jedoch nur selten die Grundgesamtheit begutachtet, sondern eine Teilstichprobe im ein- oder zwei-, in seltenen Fällen auch dreistelligen Bereich erhoben. Dabei ist darauf zu achten, dass so viele Merkmalsträger hinzugezogen werden können, bis eine theoretische Sättigung eintritt. Das heißt, weitere Merkmalsträger werden nicht einbezogen, da sie zu keinen neuen Erkenntnissen führen. Darüber hinaus ist ein zu großer Stichprobenumfang aus forschungsökonomischen Gründen nicht zu managen.[26]

In der vorliegenden Arbeit handelt es sich um die absichtsvolle Sampling-Strategie mit einer homogen gezielten Stichprobe, da eine nicht-zufällige Teilerhebung und ein kleiner Stichprobenumfang gewählt wird.[27]

Die Auswahl der Interviewteilnehmer sowie die Kontaktaufnahme findet über Professoren der Hochschule Bielefeld, persönliche Kontakte zu Maschinenbauunternehmen sowie das geschäftliche Netzwerk LinkedIn statt. Kriterien für die Auswahl eines Interviewpartners bestehen zum einen in dem beruflichen Bezug zur Instandhaltung im Maschinen- und Anlagenbau sowie praktische oder theoretische Kenntnisse zu dem Thema Predictive Maintenance. Als Resultat dieses Auswahlprozesses liegt der Stichprobenumfang der vorliegenden Erhebung bei fünf Interviewteilnehmern und ist Tabelle 6.1 zu entnehmen.

---

[25] Vgl. *Helfferich, C.*, Die Qualität qualitativer Daten, 2009, S. 172 ff.; *Steffen, A./Doppler, S.*, Einführung in die Qualitative Marktforschung, 2019, S. 17 ff.; *Döring, N.*, Stichprobenziehung, 2023, S. 294 ff., 303 ff.

[26] Vgl. *Helfferich, C.*, Die Qualität qualitativer Daten, 2009, S. 172 ff.; *Steffen, A./Doppler, S.*, Einführung in die Qualitative Marktforschung, 2019, S. 17 ff.; *Döring, N.*, Stichprobenziehung, 2023, S. 294 ff., 303 ff.

[27] Vgl. *Döring, N.*, Stichprobenziehung, 2023, S. 303 ff.

Tabelle 6.1 Interviewstichprobe

Interview-Nr.	Position im Unternehmen	Datum des Interviews
1	Bereichsleiter Digitale Produkte	25.05.2023
2	Head of Maintenance	30.05.2023
3	Teamleiter im Bereich Predictive Maintenance	02.06.2023
4	Data Scientist	16.06.2023
5	Entwicklungsleiter Digitalprodukte	23.06.2023

Quelle: Eigene Darstellung

Alle Interviewteilnehmer dieser Studie erfüllen entsprechend des Auswahl-prozesses die zuvor genannten Kriterien und arbeiten in Unternehmen der Maschinen- und Anlagenbaubranche, welche Instandhaltungsmaßnahmen durch-führen. Zudem weisen sie praktische oder theoretische Erfahrungen hinsichtlich Predictive Maintenance auf. Darüber hinaus wird durch diese Auswahl eine angemessene Spannweite hinsichtlich der Berufserfahrung von einem halben Jahr bis 30 Jahre in dem Instandhaltungsbereich sichergestellt. Dies ermöglicht die Aufnahme unterschiedlicher Perspektiven. Somit lässt sich festhalten, dass alle Teilnehmer für die Befragung und Datenerhebung als geeignete Experten anzusehen sind.

6.4   Vorgehensweise bei der Datenauswertung

Grundsätzlich ist eine Datenaufbereitung der erhobenen Daten vor der Auswer-tung notwendig, um fehlerhafte Ergebnisse, Schwierigkeiten bei der Datenanalyse und ethische Probleme zu vermeiden. Wie die Rohdaten aufzubereiten sind, hängt u. a. von dem Umfang der Arbeit, der Art und dem Inhalt der Daten sowie der Entscheidung für eine manuelle oder computergestützte Auswertung ab.[28]

---

[28] Vgl. *Steffen, A./Doppler, S.*, Einführung in die Qualitative Marktforschung, 2019, S. 51 ff.; *Döring, N.*, Datenaufbereitung, 2023, S. 574 ff.

Da in dieser Arbeit neue Daten erhoben werden, ein Transkript und eine Anonymisierung notwendig sind, werden nach Kuckartz folgende sieben Schritte zur Datenvorbereitung befolgt. Zu Beginn müssen Transkriptionsregeln definiert werden. Für die vorliegende Untersuchung ist das Regelwerk für die Transkription so gestaltet, dass der Interviewer als P1 und der Interviewteilnehmer als P2 gekennzeichnet wird. Zudem werden Sprechpausen ab einer Länge von fünf Sekunden mit „(…)" dargestellt. Darüber hinaus wird bei jedem Sprecherwechsel ein Absatz mit Zeitstempel erstellt. Im zweiten Schritt sind die Interviews zu transkribieren. Die Transkription erfolgt mit der Software „f4x", welche eine automatische Transkription von Audio- und Videodateien ermöglicht und DSGVO-konform aufgebaut ist. Nach Fertigstellung der Transkription sind die einzelnen Transkripte in Schritt drei zu korrigieren und in Schritt vier zu anonymisieren. Darauf aufbauend sind die Transkripte in Schritt fünf so zu formatieren, dass sie in einer Qualitative Data Analysis-Software (QDA-Software) optimal verarbeitet werden können. Die fertigen Transkripte werden schließlich in Schritt sechs in dem für die QDA-Software notwendigen Dateiformat gespeichert und anschließend in Schritt sieben in die entsprechende QDA-Software importiert. Als QDA-Software wird für diese Arbeit MAXQDA verwendet, da sich Codes erstellen und Kategorien bilden lassen. Zudem können die Ergebnisse der verschiedenen Interviews gegenübergestellt und visualisiert werden.[29]

Die Auswertung von qualitativen Daten kann mit verschiedenen Verfahren, wie bspw. der qualitativen Inhaltsanalyse, der interpretativen phänomenologischen Analyse, der Kodierung gemäß der Grounded-Theory-Methodologie und der qualitativen Analyse von visuellen Dokumenten durchgeführt werden. Für die qualitative Inhaltsanalyse werden aktuell verschiedene Ansätze verfolgt.[30]

---

[29] Vgl. *Kuckartz, U./Rädiker, S.*, Qualitative Inhaltsanalyse. Methoden, Praxis, Computerunterstützung, 2022, S. 196 ff.; *Döring, N.*, Datenaufbereitung, 2023, S. 574 ff.; *Döring, N.*, Datenanalyse, 2023, S. 598; *dr. dresing & pehl GmbH*, f4x Automatische Spracherkennung, 2023; *VERBI Software GmbH*, Inhaltsanalyse mit MAXQDA, 2023.
[30] Vgl. *Döring, N.*, Datenerhebung, 2023, S. 533 ff.

In der vorliegenden Arbeit wird die Auswertung der Daten mit Hilfe der qualitativen Inhaltsanalyse (QIA) nach Mayring (2022) durchgeführt, da diese mit
dem allgemeinen Ablaufmodell ein strukturiertes Vorgehen bietet, das auf den
jeweiligen Anwendungsfall angepasst werden kann.[31] Mayring unterscheidet drei
zentrale Vorgehensweisen mit jeweils anderen Zielsetzungen. Dabei handelt es
sich um die zusammenfassende, die explizierende und die strukturierende qualitative Inhaltsanalyse, aus denen auch Mischformen gebildet werden können.
Die zusammenfassende qualitative Inhaltsanalyse wird in dieser Arbeit angewendet, weil diese eine Reduktion der Daten auf die wesentlichen Inhalte und eine
anschließende induktive Kategorienbildung ermöglicht.[32]

Das nach Mayring definierte allgemeine Ablaufmodell einer qualitativen
Inhaltsanalyse besteht aus zehn verschiedenen Ebenen und ist in Abbildung 6.1
grafisch dargestellt. Die erste Ebene beinhaltet die Festlegung des Materials, was
in dieser Arbeit, der in Teilkapitel 6.3 beschriebenen Stichprobe und den durchgeführten Interviews entspricht. Die Entstehungssituation bildet Ebene zwei und
ist ebenfalls in Teilkapitel 6.3 in Form einer Vorstellung der Interviewteilnehmer und der Erklärung der Interviewsituation dargelegt. Die dritte Ebene der
formalen Charakteristika des Materials setzt eine Transkription der Interviewauf-
nahmen voraus, die, wie zu Beginn des Teilkapitels beschrieben, auch im Rahmen
dieser Arbeit durchgeführt wird. Ebene vier betrachtet die Richtung der Analyse und zielt darauf ab, dass die Teilnehmer durch die Interviews dazu angeregt
werden, über die Voraussetzungen für Predictive Maintenance in ihrem Unternehmen zu berichten. Die fünfte Ebene stellt die Bedingung einer theoriefundierten
Fragestellung, die in Teilkapitel 1.1 für diese Arbeit vorgestellt wird.[33]

[31] Vgl. *Mayring, P.*, Qualitative Inhaltsanalyse, 2022, S. 49 ff.
[32] Vgl. *Mayring, P.*, Qualitative Inhaltsanalyse, 2022, S. 60 ff.
[33] Vgl. *Mayring, P.*, Qualitative Inhaltsanalyse, 2022, S. 49 ff.

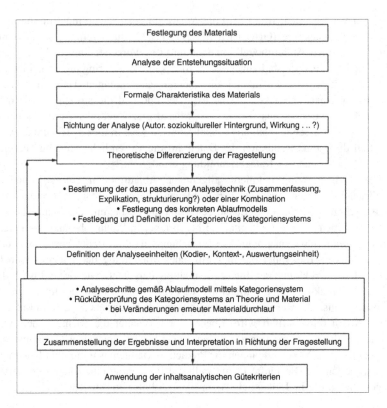

Abbildung 6.1   Allgemeines inhaltsanalytisches Ablaufmodell. (Quelle: *Mayring, P.*, Qualitative Inhaltsanalyse, 13. überarbeitete Auflage, Weinheim/Basel, Beltz-Verlag, 2022, S. 61)

Die Gestaltung der folgenden drei Ebenen (sechs bis acht) ist abhängig von der Auswahl der Vorgehensweise bei der Analyse, bei der es sich in dieser Arbeit um die zusammenfassende qualitative Inhaltsanalyse nach Mayring handelt, welche in sieben Schritte untergliedert werden kann. Demnach werden im ersten Schritt die Analyseeinheiten (Kodiereinheit, Kontexteinheit, Auswertungseinheit) festgelegt. Darauf aufbauend werden die relevanten Textstellen in Schritt zwei paraphrasiert (Z1-Regeln) und in Schritt drei generalisiert (Z2-Regeln). Anschließend werden die Paraphrasen in den aufeinander folgenden Schritten vier und fünf reduziert (Z3- und Z4-Regeln). Die genannten Regeln Z1 bis Z4 sind der Abbildung in Anhang II im elektronischen Zusatzmaterial zu entnehmen.

In Schritt sechs wird auf Basis der reduzierten und generalisierten Paraphrasen ein Kategoriensystem aufgestellt. Abschließend muss überprüft werden, ob das Kategoriensystem alle Aussagen des Ausgangsmaterials abdeckt. Dieses Kategoriensystem sowie die gesammelten Ergebnisse werden in Kapitel 7 vorgestellt. Basierend darauf werden auf der neunten Ebene des allgemeinen Ablaufmodells die Ergebnisse hinsichtlich der Forschungsfrage in Kapitel 8 interpretiert. Die letzte Ebene besteht aus der Einschätzung der Aussagekraft der Ergebnisse und Interpretationen anhand der qualitativen Gütekriterien in Teilkapitel 7.3.[34]

---

[34] Vgl. *Mayring, P.*, Qualitative Inhaltsanalyse, 2022, S. 49 ff.

Ermittlung von Voraussetzungen zur Implementierung von Predictive Maintenance durch Auswertung der Interviews

7

Dieses Kapitel dient der Auswertung der im Rahmen dieser Arbeit durchgeführten Interviews sowie der Ergebnisdarstellung. Dafür wird im ersten Schritt eine Unterteilung der im Mittelpunkt der Auswertung stehenden Voraussetzungen von Predictive Maintenance in eine organisatorische und technologische Sichtweise vorgenommen. Darauf aufbauend werden die ermittelten Voraussetzungen näher erläutert und aufgezeigt, bei welchen es sich gleichzeitig um eine Herausforderung handelt. Abschließend wird die Erfüllung der Gütekriterien mit Bezug auf Kapitel 6 bewertet.

7.1 Unterteilung in organisatorische und technologische Voraussetzungen

Für ein strukturiertes Vorgehen bei der Durchführung der Interviews bis zur Interpretation der Ergebnisse wird bereits in dem Interviewleitfaden zwischen organisatorischen und technologischen Voraussetzungen unterschieden. Diese deduktive Kategorienbildung ermöglicht zudem eine übersichtliche Darstellung der ermittelten Voraussetzungen.

Ergänzende Information Die elektronische Version dieses Kapitels enthält Zusatzmaterial, auf das über folgenden Link zugegriffen werden kann https://doi.org/10.1007/978-3-658-46915-3_7.

Für die Auswertung der Interviews wird, wie in Teilkapitel 6.4 beschrieben, das Tool MAXQDA verwendet. In diesem Tool sind die Kategorien der organisatorischen und technologischen Voraussetzungen als übergeordnete Codes anzusehen. Die ermittelten Voraussetzungen sind jeweils einem der beiden Codes untergeordnet und dabei als eigenständige Subcodes anzusehen.

Nicht jeder Interviewteilnehmer nennt für die Datenerhebung neue Voraussetzungen. So werden partiell Voraussetzungen beschrieben, die bereits durch einen vorherigen Interviewteilnehmer angegeben wurden. Dabei können die Beschreibungen einer Voraussetzung zwischen den Interviewteilnehmern so variieren, dass zunächst mehrere sich ähnelnde Voraussetzungen als individuelle Subcodes aufgenommen werden. Um diese inhaltlichen Dopplungen zu vermeiden, ist eine Reduzierung bzw. Zusammenfassung der aufgenommenen Voraussetzungen notwendig. Diese reduzierte Form der ermittelten Voraussetzungen ist aus der folgenden Abbildung 7.1 zu entnehmen.

Diese ermittelten Voraussetzungen für eine erfolgreiche Implementierung von Predictive Maintenance werden im folgenden Teilkapitel detailliert erläutert, um ein einheitliches Verständnis als Basis für die weitere Auswertung sowie Interpretation zu schaffen.

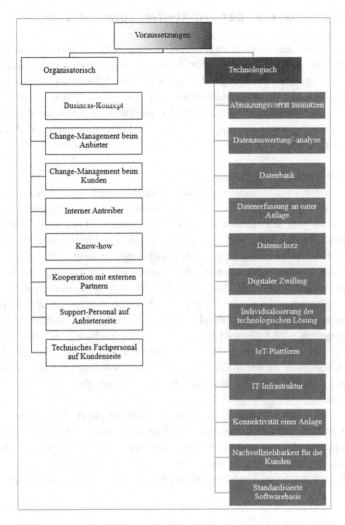

Abbildung 7.1 Voraussetzungen zur Implementierung von Predictive Maintenance. (Quelle: Eigene Darstellung)

7.2   Erläuterung der ermittelten Voraussetzungen

Um den roten Faden aufrecht zu erhalten, werden zunächst die organisatorischen und anschließend die technologischen Voraussetzungen in jeweils alphabetischer Reihenfolge wie in Abbildung 7.1 erläutert. Diese Erläuterungen basieren auf den Aussagen der Interviewteilnehmer und werden im Sinne einer höheren Zuverlässigkeit stellenweise mit Zitaten der Interviewteilnehmer unterlegt. Neben diesen Erläuterungen wird aufgezeigt, welche Voraussetzungen aus Sicht der Interviewteilnehmer gleichzeitig eine Herausforderung darstellen.

Organisatorische Voraussetzungen
Bei der ersten organisatorischen Voraussetzung handelt es sich um das Aufstellen eines *Business-Konzepts*. Dabei müssen laut Interviewteilnehmer 1 die Fragen „was will ich überhaupt erreichen?", „Welche Dinge sind mir wichtig?" und „Welche Ziele verfolge ich mit Predictive Maintenance?" in einem Business-Konzept beantwortet werden. Darüber hinaus stellt sich die weiterführende Frage „wie viele Maschinen will ich anbinden oder kann ich anbinden?".[1] Des Weiteren sind personelle Maßnahmen und Entscheidungen in einem solchen Business-Konzept aufzunehmen. Zu einem Business-Konzept gehört außerdem die Entscheidung, was selbst durchgeführt und was an ein externes Unternehmen abgegeben wird.[2] Dieser Bestandteil wird im Nachgang als Voraussetzung der Kooperation mit externen Partnern erläutert. Zudem kommt bei der Erstellung eines solchen Business-Konzepts die Herausforderung auf, dass zu Beginn nicht in jedem Fall klar ist, wo ein Unternehmen mit Predictive Maintenance hinmöchte.[3]

Das *Change-Management beim Anbieter* bildet die zweite Voraussetzung und umfasst zwei zentrale Aufgabenbereiche. Zum einen müssen die Stakeholder von dem Vorhaben, Predictive Maintenance anzubieten, überzeugt werden, da dies eine umfangreiche finanzielle Investition mit sich bringt. Aufgrund der technischen Komplexität von Predictive Maintenance besteht jedoch die Möglichkeit,

---

[1] *Interviewteilnehmer 1*, Voraussetzungen zur Implementierung von Predictive Maintenance, 2023.

[2] Vgl. *Interviewteilnehmer 1*, Voraussetzungen zur Implementierung von Predictive Maintenance, 2023.

[3] Vgl. *Interviewteilnehmer 3*, Voraussetzungen zur Implementierung von Predictive Maintenance, 2023.

dass vor allem Stakeholder ohne technischen Hintergrund schwer von einer solchen Investition zu überzeugen sind.[4] Zum anderen muss Predictive Maintenance
als ganzheitlicher Gedanke unternehmensweit integriert und gelebt werden, „weil
eigentlich alle Bereiche davon betroffen sind.".[5] Der Vertrieb ist für den Verkauf
von Predictive Maintenance verantwortlich, der Support muss den Kunden bei
Fragen und Problemen unterstützen, in der Konstruktion müssen die notwendigen technologischen Elemente berücksichtigt und in der Informationstechnologie
(IT) die resultierenden Daten in angemessener Qualität ausgewertet werden. Dem
entsprechend muss ein Informationsfluss zwischen verschiedenen Abteilungen
sichergestellt und die verschiedenen Abteilungen für die jeweiligen neuen Auf-
gaben sensibilisiert werden.[6] Als Herausforderung ist an dieser Stelle zum einen
die Prozessoptimierung zu nennen, da in den jeweiligen Abteilungen bereits funk-
tionierende Prozesse vorhanden sind, die angepasst und aufeinander abgestimmt
werden müssen. Zum anderen kann es zu Umsatzverlagerungen zwischen den
Abteilungen kommen, wobei den Verantwortlichen zu verdeutlichen ist, dass im
Idealfall unternehmensweit gesehen ein höherer Umsatz erwirtschaftet wird.[7]

Dem gegenüber steht die Voraussetzung des *Change-Managements beim Kunden*, das viele verschiedene Aspekte beinhaltet. Ein zentraler Punkt besteht darin,
die Kunden zu überzeugen, dass das Teilen von Daten mit dem Anbieter für
Predictive Maintenance notwendig ist und entsprechende Datenschutzregularien
eingehalten werden. Dazu muss der Anbieter transparent sein und den Kunden
bspw. mitteilen, welche Daten wie verarbeitet werden.[8] Zudem muss den Kunden
veranschaulicht werden, dass es bei Predictive Maintenance nicht ausschließlich

---

[4] Vgl. *Interviewteilnehmer 3*, Voraussetzungen zur Implementierung von Predictive Maintenance, 2023.

[5] *Interviewteilnehmer 4*, Voraussetzungen zur Implementierung von Predictive Maintenance,
2023.

[6] Vgl. *Interviewteilnehmer 1*, Voraussetzungen zur Implementierung von Predictive Maintenance, 2023; *Interviewteilnehmer 4*, Voraussetzungen zur Implementierung von Predictive
Maintenance, 2023.

[7] Vgl. *Interviewteilnehmer 1*, Voraussetzungen zur Implementierung von Predictive Maintenance, 2023; *Interviewteilnehmer 3*, Voraussetzungen zur Implementierung von Predictive
Maintenance, 2023.

[8] Vgl. *Interviewteilnehmer 1*, Voraussetzungen zur Implementierung von Predictive Maintenance, 2023; *Interviewteilnehmer 4*, Voraussetzungen zur Implementierung von Predictive
Maintenance, 2023; *Interviewteilnehmer 5*, Voraussetzungen zur Implementierung von Predictive Maintenance, 2023.

darum geht, den Umsatz der Anbieter zu maximieren, sondern die Stillstandszeiten bei den Kunden zu minimieren und die Produktionssicherheit zu erhöhen.[9] Außerdem muss den Kunden bewusst gemacht werden, dass dieser Digitalisierungsfortschritt nicht aktuelle Arbeitsplätze obsolet macht, sondern „Zeit schafft für die wirklich wichtigen Dinge".[10] Das heißt den Kunden müssen die grundsätzlichen Mehrwerte aufgezeigt und verständlich gemacht werden. Des Weiteren ist während der Entwicklung einer Predictive Maintenance-Lösung auch die Steuerung der Erwartungshaltung der Kunden zu berücksichtigen. So muss den Kunden zu Beginn verdeutlicht werden, dass in einem kleinen Umfang begonnen und dieser im Laufe der Zeit erweitert werden sollte.[11] Darüber hinaus sind die Kunden auf betriebswirtschaftlicher Ebene für die anfallenden Kosten zu sensibilisieren. Demzufolge muss bspw. auch die Controlling-Abteilung der Kunden von dem Konzept überzeugt werden.[12] Da die Einführung von Predictive Maintenance eine Anpassung der Prozesse mit sich bringt, müssen Kunden die entsprechenden Arbeitsabläufe auf die neuen Prozesse anpassen.[13] Das Anpassen der Prozesse stellt eine Herausforderung für bestimmte Kunden, wie bspw. Zwischenhändler dar, weil für diese ungewollte Mehrarbeit entstehen kann. Zudem sind sowohl die Steuerung der Erwartungshaltung als auch die Kostensensibilisierung als Herausforderungen anzusehen, da Kunden einen gewissen Qualitätsanspruch stellen und gleichzeitig empfindlich gegenüber hohen Kosten sind.[14] Abschließend heißt das, die Kunden müssen sich ganzheitlich auf dieses Konzept einlassen.[15]

Vor allem für Anbieter ist ein *interner Antreiber* von großer Bedeutung, da sich Predictive Maintenance nicht von selbst entwickelt. Es braucht einen verantwortlichen Mitarbeitenden, der Missionarsarbeit erledigt und Change-Management

---

[9] Vgl. *Interviewteilnehmer 1*, Voraussetzungen zur Implementierung von Predictive Maintenance, 2023.

[10] *Interviewteilnehmer 1*, Voraussetzungen zur Implementierung von Predictive Maintenance, 2023.

[11] Vgl. *Interviewteilnehmer 1*, Voraussetzungen zur Implementierung von Predictive Maintenance, 2023.

[12] Vgl. *Interviewteilnehmer 2*, Voraussetzungen zur Implementierung von Predictive Maintenance, 2023.

[13] Vgl. *Interviewteilnehmer 4*, Voraussetzungen zur Implementierung von Predictive Maintenance, 2023.

[14] Vgl. *Interviewteilnehmer 1*, Voraussetzungen zur Implementierung von Predictive Maintenance, 2023; *Interviewteilnehmer 2*, Voraussetzungen zur Implementierung von Predictive Maintenance, 2023; *Interviewteilnehmer 3*, Voraussetzungen zur Implementierung von Predictive Maintenance, 2023.

[15] Vgl. *Interviewteilnehmer 4*, Voraussetzungen zur Implementierung von Predictive Maintenance, 2023.

betreibt, indem das Konzept intern erläutert und die verschiedenen betroffenen Abteilungen über Änderungen sowie das Gesamtziel aufgeklärt werden. So ist bspw. aufzuzeigen, dass sich die Umsatzgenerierung zwischen den Abteilungen verlagern kann, insgesamt jedoch ein Mehrwert für das Unternehmen entsteht.[16]

Eine weitere Voraussetzung ist das Vorhandensein von *Know-how* und Experten in verschiedenen Bereichen. Auf der einen Seite wird Wissen in IT-Bereichen wie dem Machine Learning, Data Science und der Softwareentwicklung bspw. für eine Cloud oder Algorithmen benötigt. Dahingehend wird durch eine Vielzahl von Anlagen mit jeweils diversen Sensoren eine große Menge an Daten erfasst, was sich im Laufe der Zeit zu Big Data entwickeln kann. Um diese Datenmengen auswerten zu können, braucht es Data Scientists, die mit Hilfe von Algorithmen die eingehenden Daten analysieren und Ergebnisse als Basis für Handlungsempfehlungen bereitstellen. Zudem sind die Ergebnisse für zukünftige Weiterentwicklungen der Bauteile an die Entwicklungsabteilung zu übergeben.[17] Auf der anderen Seite ist die technologische Kenntnis über die eigenen Anlagen notwendig, um bspw. Lebenszyklen aufstellen zu können. Ergänzend dazu müssen dem Anbieter der Einsatzort sowie die äußeren Umstände des Einsatzortes für eine korrekte Datenauswertung bekannt sein. Da diese Informationen fallbezogen sind, ist ein Informationsaustausch zwischen dem Anbieter und Kunden erforderlich, um das notwendige Wissen einbeziehen zu können.[18] Eben dieser Informationsaustausch zwischen dem Anbieter und Kunden kann eine Herausforderung sein, wenn der Kunde nicht bereit ist, die notwendigen Informationen zu teilen. Dies zu ermöglichen ist wiederum Aufgabe des Change-Managements.[19]

Aufgrund dieses großen Umfangs an verschiedenen Bereichen in denen Wissen benötigt wird, sind *Kooperationen mit externen Partnern* als weitere Voraussetzung anzustreben. Die Entscheidung mit externen Partnern zusammenzuarbeiten ist, wie zuvor beschrieben, Teil des Business-Konzepts. Es können an dieser Stelle drei verschiedene Arten von Kooperationen unterschieden werden. Zum einen ist die Zusammenarbeit mit Kunden bei der Entwicklung von

---

[16] Vgl. *Interviewteilnehmer 1*, Voraussetzungen zur Implementierung von Predictive Maintenance, 2023.

[17] Vgl. *Interviewteilnehmer 1*, Voraussetzungen zur Implementierung von Predictive Maintenance, 2023; *Interviewteilnehmer 4*, Voraussetzungen zur Implementierung von Predictive Maintenance, 2023.

[18] Vgl. *Interviewteilnehmer 2*, Voraussetzungen zur Implementierung von Predictive Maintenance, 2023.

[19] Vgl. *Interviewteilnehmer 5*, Voraussetzungen zur Implementierung von Predictive Maintenance, 2023.

Predictive Maintenance von Bedeutung, da die Kunden direkt einbringen können, was sie brauchen und was nicht. Dadurch können Kunden positiven Einfluss auf die Entwicklung des Endprodukts haben.[20] Zum anderen sollten Lieferanten eingebunden werden, da sie ihre Bauteile am besten kennen sowie weitere Daten und Informationen wie Lebenszyklen der Bauteile oder bereits vorhandene Algorithmen für Predictive Maintenance-Zwecke mitliefern können. Im Gegenzug kann der Anbieter Verbesserungsvorschläge und Ideen an die Lieferanten zurückspielen, die diese wiederum bei der zukünftigen Entwicklung berücksichtigen können.[21] Die dritte Art der Kooperation besteht zwischen dem Anbieter und den Wettbewerbern, um kundenoptimiert agieren zu können. So kann bspw. eine anbieterübergreifende Plattform gemeinsam entwickelt werden.[22]

Da die Ergebnisse der Datenauswertung allein nicht in jedem Fall ausreichen, muss als weitere Voraussetzung *Support-Personal auf Anbieterseite* für Fragen und Abstimmungen von Problemen den Kunden zur Verfügung stehen.[23]

Abschließend ist für Interviewteilnehmer 2 aus eigener Kundenperspektive die Verfügbarkeit von eigenem *technischen Fachpersonal* aufgrund des Fachkräftemangels eine weitere Voraussetzung, um die Abhängigkeit von Anbietern zu verringern. Zusätzlich können dadurch die erkannten Probleme an den Anlagen eigenständig und schneller bearbeitet werden.[24]

Technologische Voraussetzungen
Die erste technologische Voraussetzung von Predictive Maintenance besteht darin, den *Abnutzungsvorrat* der einzelnen Komponenten bestmöglich auszunutzen. Das heißt, Komponenten sollten nicht zu früh getauscht werden, da ansonsten vermeidbare Mehrkosten durch neue Ersatzteile entstehen. Um den Abnutzungsvorrat einer Komponente optimal ausnutzen zu können, ist das Vorhandensein

---

[20] Vgl. *Interviewteilnehmer 1*, Voraussetzungen zur Implementierung von Predictive Maintenance, 2023.

[21] Vgl. Vgl. *Interviewteilnehmer 1*, Voraussetzungen zur Implementierung von Predictive Maintenance, 2023; *Interviewteilnehmer 2*, Voraussetzungen zur Implementierung von Predictive Maintenance, 2023.

[22] Vgl. *Interviewteilnehmer 1*, Voraussetzungen zur Implementierung von Predictive Maintenance, 2023.

[23] Vgl. *Interviewteilnehmer 4*, Voraussetzungen zur Implementierung von Predictive Maintenance, 2023.

[24] Vgl. *Interviewteilnehmer 2*, Voraussetzungen zur Implementierung von Predictive Maintenance, 2023.

von Know-how erforderlich. Auf Basis von Wissen über die einzelnen technischen Komponenten sowie deren Lebenszyklen und der Einsatzbedingungen der Anlage kann ein konkreter Algorithmus erstellt werden.[25]

Damit eine *Datenauswertung und -analyse* erfolgreich durchgeführt werden kann, sind sowohl Data Scientists als auch Algorithmen notwendig. Ergänzend dazu können bei Bedarf lernende Systeme hinzugezogen werden. Dabei ist jedoch zu beachten, dass es bspw. bei der Verarbeitung von unterschiedlichen Materialien auf einer Anlage zu Anomalien in den Ergebnissen kommen kann, wenn ein solcher Materialtausch nicht durch die Trainingsdaten bekannt war. Diese Prozessveränderungen müssen entsprechend berücksichtigt werden.[26] Darüber hinaus ist es elementar zu Beginn eines Predictive Maintenance-Projekts festzulegen, welche Daten grundsätzlich erhoben und analysiert werden sollen, um die Nachteile von Big Data einzugrenzen.[27] Bei der Datenauswertung und -analyse besteht eine Herausforderung in der Komplexität der Anlagen. So sollten zu Beginn nicht alle Komponenten, sondern lediglich die ausfallrelevanten überwacht und analysiert werden.[28]

Als weitere Voraussetzung wird eine *Datenbank* zum Speichern der ermittelten Daten benötigt. Dabei kann zwischen lokalen Servern und einer Cloud unterschieden werden. Je nach Anwendungsfall bringen beide Varianten Mehrwerte mit sich.[29] So wird ein lokaler Server bei der Handhabung von hochsensiblen Daten aus Datenschutzgründen bevorzugt.[30] Eine Cloud-Struktur wird hingegen

---

[25] Vgl. *Interviewteilnehmer 2*, Voraussetzungen zur Implementierung von Predictive Maintenance, 2023.

[26] Vgl. *Interviewteilnehmer 1*, Voraussetzungen zur Implementierung von Predictive Maintenance, 2023; *Interviewteilnehmer 3*, Voraussetzungen zur Implementierung von Predictive Maintenance, 2023; *Interviewteilnehmer 5*, Voraussetzungen zur Implementierung von Predictive Maintenance, 2023.

[27] Vgl. *Interviewteilnehmer 1*, Voraussetzungen zur Implementierung von Predictive Maintenance, 2023; *Interviewteilnehmer 3*, Voraussetzungen zur Implementierung von Predictive Maintenance, 2023.

[28] Vgl. *Interviewteilnehmer 1*, Voraussetzungen zur Implementierung von Predictive Maintenance, 2023; *Interviewteilnehmer 2*, Voraussetzungen zur Implementierung von Predictive Maintenance, 2023; *Interviewteilnehmer 4*, Voraussetzungen zur Implementierung von Predictive Maintenance, 2023; *Interviewteilnehmer 5*, Voraussetzungen zur Implementierung von Predictive Maintenance, 2023.

[29] Vgl. *Interviewteilnehmer 1*, Voraussetzungen zur Implementierung von Predictive Maintenance, 2023; *Interviewteilnehmer 5*, Voraussetzungen zur Implementierung von Predictive Maintenance, 2023.

[30] Vgl. *Interviewteilnehmer 3*, Voraussetzungen zur Implementierung von Predictive Maintenance, 2023.

gewählt, wenn es darum geht, Daten möglichst schnell und standortunabhängig abgreifen zu können. Zudem ermöglicht eine Cloud-Struktur eine bessere Skalierbarkeit hinsichtlich der Anzahl an zu betrachtenden Anlagen und somit auch der Datenmenge.[31]

Die *Datenerfassung an den zu betrachtenden Anlagen* stellt eine Voraussetzung dar, die in die zwei Aspekte Hardware und Software unterteilt werden kann. Zum einen sind Sensoren als Hardware notwendig, um die Daten aufzunehmen. Dabei ist auf die Qualität der Sensoren zu achten, da diese wiederum Einfluss auf die Qualität der erhobenen Daten haben. Interviewteilnehmer 4 ergänzt an dieser Stelle, dass die Messfrequenz an die Sensoren, also die Art der zu erhebenden Daten, anzupassen ist. Zum anderen ist eine Software in der Anlage erforderlich, die das entsprechende Regelwerk zur Datenerfassung beinhaltet. Lediglich, wenn die Qualität der Sensoren sowie der Messfrequenz angemessen ist, lässt sich Predictive Maintenance erfolgreich durchführen.[32]   .

Aufgrund der hohen Bedeutung von bestimmten Daten bildet der *Datenschutz* eine weitere technologische Voraussetzung. An dieser Stelle ist vor allem bei einer Cloud-Struktur als Datenbank darauf zu achten, wer Zugriff auf welche Daten bekommt. So kann bspw. ein Lieferant eines Anbieters von Predictive Maintenance Zugriff auf die bei den Kunden erhobenen Daten über die eigenen Komponenten erhalten. Diese Daten kann der Lieferant für die Weiterentwicklung und Optimierung der eignen Komponenten verwenden. Jedoch sollte für den Lieferanten nicht ersichtlich sein, von welchem Kunden die Daten stammen, da dieser dem Kunden ansonsten direkt Dienstleistungen anbieten kann, was wiederum dem eigentlichen Anbieter von Predictive Maintenance schaden würde. Darüber hinaus hängt der Umfang der Datenschutzmaßnahmen von der Art, Bedeutung und Sensibilität der Daten ab. Während in bestimmten Fällen eine Geheimhaltungserklärung ausreicht, sind die Daten in anderen Fällen so sensibel, dass keine Cloud-Struktur, sondern ein lokaler Server als Datenbank verwendet wird.[33]

---

[31] Vgl. *Interviewteilnehmer 1*, Voraussetzungen zur Implementierung von Predictive Maintenance, 2023; *Interviewteilnehmer 4*, Voraussetzungen zur Implementierung von Predictive Maintenance, 2023.

[32] Vgl. *Interviewteilnehmer 1*, Voraussetzungen zur Implementierung von Predictive Maintenance, 2023; *Interviewteilnehmer 3*, Voraussetzungen zur Implementierung von Predictive Maintenance, 2023; *Interviewteilnehmer 4*, Voraussetzungen zur Implementierung von Predictive Maintenance, 2023; *Interviewteilnehmer 5*, Voraussetzungen zur Implementierung von Predictive Maintenance, 2023.

[33] Vgl. *Interviewteilnehmer 1*, Voraussetzungen zur Implementierung von Predictive Maintenance, 2023; *Interviewteilnehmer 2*, Voraussetzungen zur Implementierung von Predictive

Ein *digitaler Zwilling* stellt ebenfalls eine Voraussetzung dar und kann in zwei Funktionsweisen unterschieden werden. Zum einen gibt es die Funktion der Maschinensimulation, bei der die Nutzungsdaten der Anlagen aufgezeichnet werden. Dadurch wird ersichtlich, wie eine Anlage genutzt wurde und wo Fehler aufgetreten sind. Zum anderen gibt es die digitale Beschreibung der Anlagen und Komponenten. Diese Funktion ist notwendig, um die generierten Daten den entsprechenden Anlagen und Komponenten zuordnen zu können. Zudem können diese Informationen in eine Plattform integriert werden, sodass auch die Kunden Zugriff auf die strukturierten Daten bekommen.[34]

Aufgrund der häufig vielseitigen Einsatzmöglichkeiten von Anlagen, wie die Bearbeitung von unterschiedlichen Materialien und die damit einhergehende Verwendung verschiedener Werkzeuge sowie den von außen einwirkenden Temperaturunterschieden je nach Einsatzort, ist eine gewisse *Individualisierung der technologischen Lösung* auf den entsprechenden Anwendungsfall erforderlich. Das bedeutet, eine schnelle und fallspezifische Anpassung der Algorithmen zur Datenerhebung und -auswertung muss ermöglicht werden, um valide Ergebnisse als Basis für weitere Maßnahmen ermitteln zu können.[35]

Für die Darstellung der ermittelten Daten wird eine *IoT-Plattform* als Voraussetzung angesehen. Sowohl die Anbieter als auch die Kunden haben Zugriff auf eine solche Plattform, wobei für die Kunden festzulegen ist, auf welche Daten der Zugriff ermöglicht wird. Bei den Daten auf der Plattform kann es sich bspw. um die Zuordnung der Anlagen zu den Kunden (Asset-Management), sowie „Informationen über Schaltpläne, Zeichnungen, Stücklisten, Ersatzteilkataloge"[36] und bereits ausgewertete Anlagedaten handeln. Zudem kann ein digitaler Zwilling zur Vervollständigung der Daten integriert werden. Auch ein Webshop kann in die Plattform eingebunden werden, um den Service-Gedanken weiterzuführen.[37] Ergänzend zu der Darstellung von Daten, ermöglicht eine solche Plattform eine

Maintenance, 2023; *Interviewteilnehmer 3*, Voraussetzungen zur Implementierung von Predictive Maintenance, 2023.

[34] Vgl. *Interviewteilnehmer 1*, Voraussetzungen zur Implementierung von Predictive Maintenance, 2023; *Interviewteilnehmer 5*, Voraussetzungen zur Implementierung von Predictive Maintenance, 2023.

[35] Vgl. *Interviewteilnehmer 1*, Voraussetzungen zur Implementierung von Predictive Maintenance, 2023; *Interviewteilnehmer 2*, Voraussetzungen zur Implementierung von Predictive Maintenance, 2023.

[36] *Interviewteilnehmer 1*, Voraussetzungen zur Implementierung von Predictive Maintenance, 2023.

[37] Vgl. *Interviewteilnehmer 1*, Voraussetzungen zur Implementierung von Predictive Maintenance, 2023; *Interviewteilnehmer 2*, Voraussetzungen zur Implementierung von Predictive

bidirektionale Kommunikation zwischen dem Anbieter und dem Kunden. Dabei stellt der Anbieter dem Kunden Handlungsempfehlungen auf Basis der ausgewerteten Anlagedaten bereit. Im Gegenzug berichtet der Kunde dem Anbieter über festgestellte Probleme an der Anlage und durchgeführte Maßnahmen.[38] Ein weiterer Mehrwert einer IoT-Plattform besteht darin, dass Software-Updates und -veränderungen für die Anlagen zentral ausgeführt und Außendiensteinsätze sowie Anlagenstillstände vermieden werden können.[39] Jedoch ist zu beachten, dass viele Unternehmen Anlagen von verschiedenen Anbietern besitzen. Wird von jedem Anbieter eine eigene Plattform bereitgestellt, muss der Kunde für einen Überblick über alle Anlagen eine Vielzahl an unterschiedlichen Plattformen bedienen. Dadurch wird die Arbeit der Kunden erschwert und die Mehrwerte einer Plattform kommen nicht mehr wie gewünscht zum Tragen. Aus diesem Grund wird eine anbieterübergreifende Plattform in Zukunft zu einer Voraussetzung, die den Kunden einen gebündelten Überblick über die Anlagen der verschiedenen Anbieter und allen weiteren notwendigen Informationen ermöglicht. Gleichzeitig ist jedoch die Entwicklung einer gemeinsamen Plattform mit Wettbewerbern eine Herausforderung, da jedes Unternehmen zunächst lediglich den eigenen Vorteil sieht.[40] Darüber hinaus ist an dieser Stelle zu berücksichtigen, dass die Entwicklung einer solch umfangreichen Plattform Zeit benötigt, was bei der Firma von Interviewteilnehmer 1 zu einer Entwicklungsdauer von zweieinhalb Jahren geführt hat.[41] Die fertiggestellte Plattform stellt nach Interviewteilnehmer 3 „das Herz und die Seele" für die zukünftige Arbeit dar.[42]

Damit die verschiedenen, zuvor genannten, technischen Bestandteile von der Datenerfassung an einer Anlage, über die Datenauswertung/-analyse, bis hin

---

Maintenance, 2023; *Interviewteilnehmer 3*, Voraussetzungen zur Implementierung von Predictive Maintenance, 2023; *Interviewteilnehmer 4*, Voraussetzungen zur Implementierung von Predictive Maintenance, 2023; *Interviewteilnehmer 5*, Voraussetzungen zur Implementierung von Predictive Maintenance, 2023.

[38] Vgl. *Interviewteilnehmer 4*, Voraussetzungen zur Implementierung von Predictive Maintenance, 2023.

[39] Vgl. *Interviewteilnehmer 1*, Voraussetzungen zur Implementierung von Predictive Maintenance, 2023.

[40] Vgl. *Interviewteilnehmer 1*, Voraussetzungen zur Implementierung von Predictive Maintenance, 2023; *Interviewteilnehmer 2*, Voraussetzungen zur Implementierung von Predictive Maintenance, 2023; *Interviewteilnehmer 4*, Voraussetzungen zur Implementierung von Predictive Maintenance, 2023.

[41] Vgl. *Interviewteilnehmer 1*, Voraussetzungen zur Implementierung von Predictive Maintenance, 2023.

[42] *Interviewteilnehmer 3*, Voraussetzungen zur Implementierung von Predictive Maintenance, 2023.

zu der Integration einer IoT-Plattform funktionieren und miteinander verknüpft werden können, ist eine durchdachte *IT-Infrastruktur* notwendig.[43]
Die an einer Anlage ermittelten Daten müssen für eine detaillierte Auswertung an andere Systeme übergeben werden. Voraussetzung dafür ist die *Konnektivität einer Anlage.* Neben dem Datentransfer von der Anlage zu anderen Systemen ist die Konnektivität einer Anlage, wie im Kontext der IoT-Plattform erläutert, auch für die Übertragung von anderen Systemen zu der Anlage notwendig. Dies ermöglicht bspw. ein zentral ausgeführtes Softwareupdate für mehrere Anlagen zur selben Zeit.[44] Die Datenübertragung zwischen der Anlage und anderen Systemen kann zu einer Herausforderung werden, wenn die Firewall der Kunden eine solche Datenübertragung technisch nicht zulässt. Dahingehend müssen die Kunden im Kontext des Change-Managements überzeugt werden, die Firewall anzupassen und die Datenübertragen zu genehmigen.[45]
Interviewteilnehmer 3 setzt darüber hinaus die *Nachvollziehbarkeit für die Kunden* voraus. Das heißt, das technologische Konstrukt muss so gestaltet werden, dass es für die Kunden verständlich und nutzbar ist.[46]
Abschließend stellt eine *standardisierte Softwarebasis* die letzte Voraussetzung dar. Diese steht der Voraussetzung der Individualisierung der technologischen Lösung nicht gegenüber, sondern ergänzt diese. So kann die standardisierte Softwarebasis für eine Vielzahl an Anlagen verwendet und dann auf die individuellen Einsatzszenarien sowie Kundenbedürfnisse angepasst werden. Ohne eine solche Standardisierung müsste für jede Anlage eine individuelle Software entwickelt werden, was im Allgemeinen aufwandstechnisch und finanziell nicht möglich ist.[47]

[43] Vgl. *Interviewteilnehmer 4*, Voraussetzungen zur Implementierung von Predictive Maintenance, 2023.

[44] Vgl. *Interviewteilnehmer 1*, Voraussetzungen zur Implementierung von Predictive Maintenance, 2023; *Interviewteilnehmer 2*, Voraussetzungen zur Implementierung von Predictive Maintenance, 2023; *Interviewteilnehmer 4*, Voraussetzungen zur Implementierung von Predictive Maintenance, 2023; *Interviewteilnehmer 5*, Voraussetzungen zur Implementierung von Predictive Maintenance, 2023.

[45] Vgl. *Interviewteilnehmer 5*, Voraussetzungen zur Implementierung von Predictive Maintenance, 2023.

[46] Vgl. *Interviewteilnehmer 3*, Voraussetzungen zur Implementierung von Predictive Maintenance, 2023.

[47] Vgl. *Interviewteilnehmer 1*, Voraussetzungen zur Implementierung von Predictive Maintenance, 2023.

Grundlegend lässt sich festhalten, dass sowohl Anbieter als auch Kunden digitial ready sein und eine gewisse Breitschaft für Veränderungen sowie Kooperationen mit sich bringen müssen.

Eine Auflistung der Voraussetzungen sowie eine komprimierte Form dieser Erläuterungen ist einem in MAXQDA erstellten Code-Buch dem Anhang III im elektronischen Zusatzmaterial zu entnehmen.

7.3   Erfüllung der Gütekriterien

Die in Kapitel 6 für diese Arbeit festgelegten sowie erläuterten qualitativen Gütekriterien (Vertrauenswürdigkeit, Übertragbarkeit, Zuverlässigkeit und Bestätigbarkeit) werden nachfolgend hinsichtlich ihrer Erfüllung bewertet. Als Basis für diese Bewertungen werden Kontrollfragen nach Schou et al. (2012) angewendet, welche der Abbildung in Anhang IV im elektronischen Zusatzmaterial zu entnehmen sind.[48]

Zur Erfüllung der *Vertrauenswürdigkeit* ist zum einen relevant, dass der Grund der Untersuchung eindeutig dargelegt ist, was in dieser Arbeit durch die Einleitung sowie das Fazit abgedeckt wird. Zum anderen sind die Auswahl und Begründung einer passenden Methode von Bedeutung, die in Kapitel 6 enthalten sind. Darüber hinaus beinhaltet Kapitel 6 eine Darlegung, wie die Daten erfasst werden, was in der vorliegenden Arbeit den problemzentrierten Experteninterviews entspricht. Ergänzend dazu ist die Triangulation auf der einen Seite dahingehend erfüllt, dass bei den methodischen Grundlagen, wie der Vorgehensweise bei der Datenerhebung und -auswertung verschiedene Autoren berücksichtigt werden. Auf der anderen Seite ist die Triangulation hinsichtlich der Daten durch die Durchführung mehrerer Interviews sowie der Betrachtung von Anbietern und Nachfragern von Predictive Maintenance erfüllt. Zudem ist auch die Beschreibung des Forschungsprozesses in Kapitel 6 enthalten. So wurde bspw. das Merkmal des zirkulären Verlaufs der Datenerhebung bei der Durchführung im Rahmen dieser Arbeit berücksichtigt und angewendet. Daraus folgt, dass das Gütekriterium der Vertrauenswürdigkeit als erfüllt zu betrachten ist.[49]

---

[48] Vgl. *Schou, L.* u. a., Validation of a new assessment tool for qualitative research articles, 2012, S. 2086 ff.

[49] Vgl. *Schou, L.* u. a., Validation of a new assessment tool for qualitative research articles, 2012, S. 2086 ff.

Die *Übertragbarkeit* als zweites Gütekriterium bedarf einer Beschreibung des Auswahlprozesses der Interviewpartner sowie einer Vorstellung der Interviewpartner selbst und einer Begründung für die Auswahl der Interviewpartner. Inhaltlich werden diese drei Aspekte in Teilkapitel 6.3 aufgezeigt. Auch die Erhebungssituation wird betrachtet und in Teilkapitel 6.2 eindeutig beschrieben. Dem übergeordnet wird die Beziehung zwischen dem Forschenden, dem Kontext und den Interviewpartnern dadurch ersichtlich, dass es sich bei den Interviewpartnern um Experten handelt, die in problembezogenen Interviews online befragt werden. Somit ist die Übertragbarkeit als zweites Gütekriterium erfüllt.[50]

Die *Zuverlässigkeit* der Forschung ergibt sich zum einen aus einer logischen Beziehung zwischen dem Thema und den erhobenen Daten, was im Rahmen dieser Arbeit durch eine detaillierte Literaturanalyse und anschließende Erstellung eines Interviewleitfadens gewährleistet wird. Zum anderen ist der Prozess der Datenanalyse detailliert in Kapitel 6 dargelegt und bildet den roten Faden von Kapitel 7 und 8. Darüber hinaus werden die ermittelten Ergebnisse in den Teilkapiteln 7.1 und 7.2 aufgezeigt und in Kapitel 8 interpretiert. Da die Ergebnisse und Interpretationen mit angemessenen Zitaten der Interviewteilnehmer untermauert werden, sind die Befunde als glaubwürdig anzusehen. Lediglich auf eine zusätzliche Triangulation der Ergebnisse und Interpretationen wurde aufgrund des Umfangs der Arbeit verzichtet. Dennoch ist das Gütekriterium der Zuverlässigkeit als erfüllt anzusehen.[51]

Die *Bestätigbarkeit* als viertes Gütekriterium wird dadurch erreicht, dass der Forschende die Ergebnisse nach eigenem Verständnis erläutert, was in der vorliegenden Arbeit in den Teilkapiteln 7.1 und 7.2 zu finden ist. Des Weiteren ist bei der Interpretation der Ergebnisse wie in Teilkapitel 8.3 ein Bezug zu der einschlägigen Literatur herzustellen. Darüber hinaus ist anzugeben, ob die Ergebnisse deduktiv oder induktiv ermittelt werden, wobei es sich im Kontext dieser Arbeit, wie in Teilkapitel 7.1 beschrieben, um eine Kombination beider Arten handelt. Ergänzend dazu ist festzuhalten, wer die Studie durchgeführt hat, wie der Forschende an dem Prozess beteiligt war und ob die Position des Forschenden Bedeutung für die Ergebnisse hat. Da es sich bei dieser Forschung um eine Masterarbeit handelt, hat der Autor dieser Arbeit auch die Datenerhebung

---

[50] Vgl. *Schou, L.* u. a., Validation of a new assessment tool for qualitative research articles, 2012, S. 2086 ff.

[51] Vgl. *Schou, L.* u. a., Validation of a new assessment tool for qualitative research articles, 2012, S. 2086 ff.

durchgeführt, den gesamten, in Kapitel 6 beschriebenen, Erhebungs- und Auswertungsprozess durchlaufen und somit einen zentralen Einfluss auf die Ergebnisse. Daraus lässt sich schließen, dass die Bestätigbarkeit als Gütekriterium erfüllt ist.[52]

Zusammenfassend lässt sich festhalten, dass alle vier qualitativen Gütekriterien im Kontext der vorliegenden Arbeit als erfüllt anzusehen sind und somit die Datenerhebung als glaubwürdig anzusehen ist.

---

[52] Vgl. *Schou, L.* u. a., Validation of a new assessment tool for qualitative research articles, 2012, S. 2086 ff.

Interpretation der ermittelten Voraussetzungen

8

Die zuvor dargestellten Interviewergebnisse werden in dem vorliegenden Kapitel inhaltlich interpretiert. Dafür werden zunächst zwei zentrale Häufigkeitsverteilungen der Voraussetzungen aufgestellt und gedeutet. Darauffolgend werden mithilfe einer Kontingenzanalyse die Zusammenhänge der einzelnen Voraussetzungen untereinander betrachtet und analysiert. Die gesamten Interviewergebnisse und Interpretationen werden im nächsten Schritt der analysierten Fachliteratur und den Ergebnissen aus der Bearing-Point-Studie (siehe Kapitel 5) gegenübergestellt. Auf Basis der im Rahmen dieser Arbeit ermittelten Ergebnisse und Interpretationen wird abschließend ein Modell entwickelt, welches eine Anwendung der Ergebnisse dieser Arbeit in der unternehmerischen Praxis ermöglicht.

8.1 Interpretation der ermittelten Voraussetzungen auf Basis von Häufigkeitsverteilungen

In diesem Abschnitt werden zwei zentrale Häufigkeitsverteilungen der ermittelten Voraussetzungen aufgezeigt. Zum einen ist zu erwähnen, dass in Summe 20 verschiedene Voraussetzungen ermittelt wurden. Von diesen 20 Voraussetzungen sind acht organisatorisch und zwölf technologisch einzuordnen, woraus sich die folgende Abbildung 8.1 ergibt.

Ergänzende Information Die elektronische Version dieses Kapitels enthält Zusatzmaterial, auf das über folgenden Link zugegriffen werden kann https://doi.org/10.1007/978-3-658-46915-3_8.

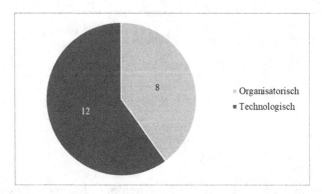

Abbildung 8.1 Häufigkeit organisatorischer und technologischer Voraussetzungen. (Quelle: Eigene Darstellung)

Diese Statistik spricht für ein Bewusstsein der Interviewteilnehmer hinsichtlich des Vorhandenseins und der Bedeutung von Voraussetzungen aus sowohl organisatorischer als auch technologischer Sichtweise. Das Übergewicht an technologischen Voraussetzungen lässt sich auf die hohe technologische Komplexität des Konzepts Predictive Maintenance zurückführen.

Zum anderen lässt sich die Verteilung der Codes auf die Interviews statistisch betrachten. So gibt die dritte Spalte der Tabelle 8.1 an, welche Voraussetzungen in wie vielen der fünf durchgeführten Interviews genannt werden.

Tabelle 8.1 Ermittelte Voraussetzungen für Predictive Maintenance

Kategorie	Voraussetzung	In X von 5 Interviews	Gesamtnennungen
Organisatorisch	Business-Konzept	2	2
	Change-Management beim Anbieter	4	6
	Change-Management beim Kunden	4	10
	Interner Antreiber	1	1
	Know-how	4	12
	Kooperation mit externen Partnern	2	5
	Support-Personal auf Anbieterseite	1	1
	Technisches Fachpersonal auf Kundenseite	1	1
Technologisch	Abnutzungsvorrat ausnutzen	1	1
	Datenauswertung/-analyse	3	5
	Datenbank	4	6
	Datenerfassung an einer Anlage	4	15
	Datenschutz	3	3
	Digitaler Zwilling	2	2
	Individualisierung der technologischen Lösung	2	4
	IoT-Plattform	5	15
	IT-Infrastruktur	1	3
	Konnektivität einer Anlage	4	12
	Nachvollziehbarkeit für die Kunden	1	1
	Standardisierte Softwarebasis	1	1

Quelle: Eigene Darstellung

Dabei ist herauszustellen, dass die organisatorischen Voraussetzungen *interner Antreiber*, *Support-Personal auf Anbieterseite* und *technisches Fachpersonal auf Kundenseite* lediglich von jeweils einem Interviewteilnehmer angegeben werden. Auffällig ist, dass alle drei Voraussetzungen personalorientiert sind. Dass ein interner Antreiber lediglich einmal genannt wurde, kann daran liegen, dass eine solche zentrale Person für ein so umfangreiches Konzept als selbstverständlich angesehen und somit nicht explizit genannt wird. Zudem kann die geringe Nennung des Support-Personals auf Anbieterseite darauf zurückgeführt werden, dass noch keines der befragten Unternehmen eine vollständige Lösung für Predictive Maintenance im Einsatz hat. Aufgrund dieser Ausgangssituation und da das Support-Personal prozessual gesehen erst zu einem späteren Zeitpunkt benötigt wird, besteht die Annahme, dass die Unternehmen aktuell kein Support-Personal benötigen und sich somit noch nicht ausgiebig mit diesem Thema beschäftigt haben. Gleiches gilt für die Voraussetzung des technischen Fachpersonals auf Kundenseite, das ebenfalls erst zu einem späteren Zeitpunkt relevant wird. Darüber hinaus verfolgen Kunden mit dem Einstellen von Fachpersonal das Ziel, die Abhängigkeit gegenüber dem Anbieter zu mindern. Relevant wird an dieser Stelle, dass unter den befragten Unternehmen überwiegend Anbieter zu finden sind, für die technisches Fachpersonal auf Kundenseite dem entsprechend keine Voraussetzung darstellt.

Auch die technologischen Voraussetzungen *Abnutzungsvorrat ausnutzen*, *Nachvollziehbarkeit für die Kunden*, *IT-Infrastruktur* und *Standardisierte Softwarebasis* werden lediglich in jeweils einem Interview genannt. Es ist anzunehmen, dass die Voraussetzung Abnutzungsvorrat ausnutzen von Anbietern lediglich als Resultat eines gut durchgeführten Predictive Maintenance-Konzepts angesehen wird, für Kunden jedoch eine Voraussetzung darstellt. Diese geringe Nennung der Voraussetzung kann somit auf das Übergewicht an Anbietern unter den Interviewteilnehmern zurückgeführt werden. Des Weiteren kann davon ausgegangen werden, dass die Voraussetzung der Nachvollziehbarkeit für die Kunden als Selbstverständlichkeit erachtet wird, um eine erfolgreiche Lösung anbieten zu können. Zudem entsteht ein gewisser Grad an Nachvollziehbarkeit automatisch durch die Integration einer IoT-Plattform. Demzufolge wird diese Voraussetzung lediglich in einem Interview genannt. Sowohl eine IT-Infrastruktur als auch eine standardisierte Softwarebasis müssen bei der Konzeption und Entwicklung berücksichtigt werden. Für die Begründung der geringen Nennung dieser Voraussetzungen können zwei verschiedene Ansätze festgehalten werden. Auf der einen Seite können diese Voraussetzungen im IT-Kontext als selbstverständlich angesehen werden. Auf der anderen Seite besteht die Möglichkeit, dass den Interviewteilnehmern der große Umfang und Aufwand hinter den beiden Voraussetzungen nicht bewusst ist.

Aufgrund häufiger Nennungen sind die organisatorischen Voraussetzungen *Change-Management beim Anbieter*, *Change-Management beim Kunden* und *Know-how* hervorzuheben, die von jeweils vier unterschiedlichen Interviewteilnehmern aufgeführt werden. Diese drei Voraussetzungen sind in den frühen Phasen der Entwicklung sowie Einführung von Predictive Maintenance notwendig. Auch die technologischen Voraussetzungen *Datenbank*, *Datenerfassung an einer Anlage* und *Konnektivität einer Anlage* werden in vier von fünf Interviews angeführt und sind ebenfalls in der Entwicklungsphase einer Predictive Maintenance-Lösung zu berücksichtigen. Die Nennung dieser Voraussetzungen durch vier von fünf Interviewteilnehmer ist damit zu erklären, dass sich alle der befragten Unternehmen in der Entwicklungsphase befinden und diese Themen somit von aktuellem Interesse für die Unternehmen sind.

Darüber hinaus hebt sich die technologische Voraussetzung einer IoT-Plattform weiter ab, da sie als einzige in allen fünf Interviews angegeben wird. Dies lässt sich damit begründen, dass alle Predictive Maintenance-Bestandteile auf die Plattform einwirken und diese, wie von Interviewteilnehmer 3 beschrieben, „das Herz und die Seele"[1] für die zukünftige Arbeit darstellt.

Neben der vorherigen Betrachtung welche Voraussetzungen in wie vielen der fünf durchgeführten Interviews enthalten sind (Spalte drei), lässt sich zusätzlich auswerten, wie oft die jeweiligen Voraussetzungen insgesamt interviewübergreifend genannt werden. Diese Kennzahl ist in Spalte vier der Tabelle 8.1 enthalten und geht über die Kennzahl aus Spalte drei hinaus, indem sie zusätzlich Mehrfachnennungen in den einzelnen Interviews berücksichtigt. Hervorzuheben sind an dieser Stelle die Voraussetzungen *Change-Management beim Anbieter* und *Datenbank*. Diese werden im Vergleich zu den anderen fünf Voraussetzungen, die ebenfalls jeweils in mindestens vier von fünf Interviews aufgeführt werden, durchschnittlich nicht 2,5-Mal, sondern lediglich 1,5-Mal pro Interview thematisiert. Daraus folgend ist anzunehmen, dass die befragten Unternehmen zwar ein aktuelles Interesse an jeder dieser sieben Voraussetzungen haben, der aktuelle Fokus jedoch nicht auf dem Change-Management beim Anbieter und der Datenbank liegt, sondern auf den anderen fünf Voraussetzungen.

Abschließend wird darauf hingewiesen, dass anhand der erläuterten und interpretierten Statistiken keine allgemeingültig unternehmensübergreifende Gewichtung hinsichtlich der Bedeutung oder Priorisierung der einzelnen Voraussetzungen

---

[1] *Interviewteilnehmer 3*, Voraussetzungen zur Implementierung von Predictive Maintenance, 2023.

vorgenommen werden kann, da es sich in dieser Arbeit um qualitativ erho-
bene Daten handelt und der Stichprobenumfang eine solche Interpretation nicht
ermöglicht.

8.2   Kontingenzanalyse der ermittelten Voraussetzungen

In diesem Teilkapitel werden auffällige Zusammenhänge zwischen einzelnen Voraussetzungen analysiert. Für die Ermittlung dieser Zusammenhänge werden die
Absätze mit kodierten Segmenten sowie die entsprechenden vorherigen und nach-
folgenden Absätze aus den Interviews einbezogen. Dabei werden auf der einen
Seite die Voraussetzungen betrachtet, die im Kontext mit vielen verschiedenen
Voraussetzungen genannt werden. Auf der anderen Seite werden besonders häufig
vorkommende Zusammenhänge zwischen bestimmten Voraussetzungen aufgezeigt. Diese Analysen werden mit Hilfe einer Kontingenztabelle (siehe Anhang
V im elektronischen Zusatzmaterial) interviewübergreifend durchgeführt.

Für den ersten Betrachtungswinkel ergibt sich, dass die Voraussetzungen
Change-Management beim Anbieter mit acht und Datenbank mit zehn, das
Know-how sowie die IoT-Plattform mit jeweils 16, die Konnektivität einer Anlage
mit 17 und das Change-Management beim Kunden mit 18 verschiedenen Vor-
aussetzungen im Kontext genannt werden. An dieser Stelle ist auffällig, dass
es sich dabei um die Voraussetzungen handelt, die in mindestens vier von fünf
Interviews genannt und interviewübergreifend am häufigsten angegeben werden.
Diese Ergebnisse bekräftigen die Erkenntnisse aus Teilkapitel 8.1, dass diese
Voraussetzungen für die Unternehmen in eine zentrale Rolle einnehmen.

Im Kontext des zweiten Betrachtungswinkels können durch eine tiefergehende
Analyse der Kontingenztabelle sowie der Interviews die folgenden häufig vor-
kommenden Zusammenhänge zwischen den entsprechenden Voraussetzungen
interpretiert werden.

Die Voraussetzungen Change-Management beim Anbieter und Change-
Management beim Kunden werden im gleichen Kontext an acht unterschiedlichen
Stellen in den Interviews angegeben. Da die Fragen nach den organisatorischen
Voraussetzungen aus Anbieter- und Kundenperspektive nicht unmittelbar nach-
einander gestellt wurden, lässt sich der Zusammenhang nicht auf den Aufbau
des Interviewleitfadens zurückführen. Vielmehr lässt sich der häufige Zusam-
menhang durch die inhaltlichen Gemeinsamkeiten von Change-Management beim
Anbieter- sowie Kunden erklären.

Die folgenden Zusammenhänge werden rein inhaltlich sowie thematisch her-geleitet. Ergänzend dazu ist an dieser Stelle aufzuzeigen, dass diese Zusammen-hänge ebenfalls zu einem gewissen Grad mit dem Aufbau des Interviewleitfadens begründet werden, da die entsprechenden Fragen in kurzen Zeitabständen gestellt wurden.

So wird die Voraussetzung IoT-Plattform sieben Mal in Verbindung mit der Voraussetzung IT-Infrastruktur und zehn Mal in Verbindung mit der Voraus-setzung Datenbank genannt. Der Zusammenhang besteht dahingehend, dass die IoT-Plattform technisch auf der Datenbank sowie der IT-Infrastruktur aufbaut.

Des Weiteren wird die Voraussetzung Know-how an acht Interviewstellen zusammen mit der Individualisierung der technologischen Lösung und an zehn Interviewstellen zusammen mit dem Change-Management beim Kunden aufge-führt. Das lässt sich darauf zurückführen, dass ein Know-how-Transfer zwischen Anbieter und Kunde benötigt wird, um die technologische Lösung individuell auf den Kunden anpassen zu können. Lediglich wenn der Anbieter die genauen Anforderungen und Einsatzbedingungen kennt, ist eine Individualisierung mög-lich. Dem entsprechend muss im Rahmen des Change-Managements der Kunde überzeugt werden, alle notwendigen Daten und Informationen zu teilen.

Zudem wird die Voraussetzung der Datenerfassung an einer Anlage zwölf Mal zusammen mit der Datenauswertung/-analyse genannt. Das ist damit zu begrün-den, dass eine Datenerfassung eine Bedingung für eine Datenauswertung/-analyse ist.

Die Voraussetzung Konnektivität einer Anlage besitzt die umfangreichsten Zusammenhänge zu anderen Voraussetzungen. So wird sie an neun Interviewstel-len im Kontext mit der Voraussetzung Know-how genannt, da das entsprechende Know-how in der Konstruktion und Entwicklung benötigt wird, um die Anla-gen für einen Datentransfer auszustatten. Außerdem stehen die Konnektivität einer Anlage und das Change-Management auf Kundenseite in Beziehung, da ein Bewusstsein für die Notwendigkeit eines Datentransfers geschaffen werden muss, um die Mehrwerte von Predictive Maintenance ausschöpfen zu können. Dieser Zusammenhang spiegelt sich an elf Interviewstellen wider. Darüber hinaus wird im Kontext der Konnektivität einer Anlage 15-Mal von der Voraussetzung einer IoT-Plattform gesprochen, da die ermittelten Daten an die Plattform übertra-gen werden müssen, sodass diese von den entsprechenden Benutzern eingesehen werden können. Der häufigste Zusammenhang besteht zwischen der Konnektivi-tät sowie der Datenerfassung an einer Anlage und wird an 19 Interviewstellen gebildet. Diese Häufigkeit ist damit zu begründen, dass die Datenerfassung an einer Anlage nur dann einen Mehrwert mit sich bringt, wenn die gesammelten Daten für entsprechende Auswertungen an eine Datenbank und andere Systeme

übertragen werden. Diese zentrale Rolle der Konnektivität wird von Interviewteilnehmer 1 bestätigt und dahingehend verdeutlicht, dass Predictive Maintenance
ohne Konnektivität an den Anlagen nicht möglich ist.[2]

Neben diesen herausstechenden Zusammenhängen gibt es viele weitere,
weniger häufig vorkommende Zusammenhänge zwischen den verschiedenen Voraussetzungen. Diese Konstellationen können ebenfalls der Abbildung in Anhang
V im elektronischen Zusatzmaterial entnommen werden.

Durch diese Zusammenhangsbetrachtung wird verdeutlicht, dass sich
bestimmte Voraussetzungen untereinander bedingen. Auf dieser Basis kann das
folgende Ablaufmodell (siehe Abbildung 8.2) für die Voraussetzungen abgeleitet
werden. Das Modell ist von oben nach unten zu lesen und bildet auf der lin-
ken Seite die organisatorischen und auf der rechten Seite die technologischen
Voraussetzungen ab.

In der vorbereitenden Phase muss es einen internen Antreiber geben, der das
Aufstellen eines Business-Konzepts initiiert und das Change-Management auf
Anbieterseite einleitet. Anschließend muss das notwendige Know-how gesammelt
werden. An dieser Stelle sollten externe Partner eingebunden und das Change-
Management auf Kundenseite gestartet werden. Mit dem gebündelten Know-how
geht es in die Entwicklung der technologischen Lösung. Es muss eine IT-
Infrastruktur geschaffen und eine Datenbank bereitgestellt werden. Im Folgenden
ist unter Berücksichtigung der Prämisse der Nachvollziehbarkeit für die Kunden
eine standardisierte Softwarebasis zu verwenden und auf den jeweiligen Kunden individuell anzupassen. Darauf aufbauend ist die entsprechende Anlage so
auszustatten, dass die gewünschten Daten ermittelt und anschließend übertragen
werden können. Für die folgende Datenauswertung/-analyse sind entsprechende
Algorithmen zu entwickeln, die darauf ausgerichtet sind, den Abnutzungsvorrat
so weit wie möglich auszunutzen. Um die ermittelten und analysierten Daten
darstellen zu können, muss eine IoT-Plattform mit integriertem digitalen Zwilling
entwickelt werden. Abschließend muss Support-Personal auf Anbieterseite und
wenn benötigt auch technisches Fachpersonal auf Kundenseite aufgebaut werden. Bis zu diesen Phasen unterstützt das Change-Management auf Anbieter-
sowie Kundenseite.

---

[2] Vgl. *Interviewteilnehmer 1*, Voraussetzungen zur Implementierung von Predictive Maintenance, 2023.

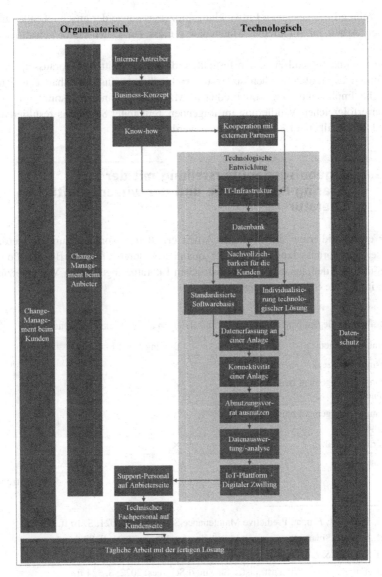

Abbildung 8.2 Ablaufmodell der Voraussetzungen. (Quelle: Eigene Darstellung)

Während des gesamten Entwicklungsprozesses sowie der anschließenden täglichen Arbeit mit Predictive Maintenance muss der Datenschutz gewährleistet sein.

Zusammenfassend lässt sich festhalten, dass alle ermittelten Voraussetzungen aufgrund der umfangreichen sowie unterschiedlichen Zusammenhänge relevant für die Implementierung von Predictive Maintenance sind und somit im Falle einer erfolgreichen Validierung im folgenden Teilkapitel 8.3 in das resultierende Modell in Teilkapitel 8.4 übernommen werden.

8.3   Ergebnisgegenüberstellung mit der Bearing-Point-Studie und der wissenschaftlichen Literatur

Für eine Validierung der in dieser Arbeit ermittelten Voraussetzungen, werden diese den Voraussetzungen aus der quantitativ durchgeführten Bearing-Point-Studie sowie den aus der wissenschaftlichen Literatur abgeleiteten Voraussetzungen in Tabelle 8.2 gegenübergestellt.

Tabelle 8.2 Gegenüberstellung der Voraussetzungen aus verschiedenen Quellen

Voraussetzungen	Interviews	Bearing-Point-Studie[3]	Literatur
Business-Konzept	✓	✗	✓[4]
Change-Management beim Anbieter	✓	✓	✓[5]
Change-Management beim Kunden	✓	✗	✗
Interner Antreiber	✓	✗	✗
Know-how	✓	✓	✓[6]

(Fortsetzung)

[3] Vgl. *Duscheck, F.* u. a., Predictive Maintenance Studie 2021, 2021, S. 10 ff.

[4] Vgl. *Foth, E.*, Smarte Services mit künstlicher Intelligenz, 2021, S. 80 f.

[5] Vgl. *Schmidt, S. L.* u. a., Mit LabTeams KI gestalten, 2022, S. 255.

[6] Vgl. *Ahner, L.* u. a., Wissenstransfer für Smart Services, 2022, S. 324 ff.

Tabelle 8.2   (Fortsetzung)

Voraussetzungen	Interviews	Bearing-Point-Studie	Literatur
Kooperation mit externen Partnern	✓	✓	✓[7]
Support-Personal auf Anbieterseite	✓	✗	✓[8]
Technisches Fachpersonal auf Kundenseite	✓	✗	✓[9]
Abnutzungsvorrat ausnutzen	✓	✗	✓[10]
Datenauswertung/-analyse	✓	✓	✓[11]
Datenbank	✓	✗	✓[12]
Datenerfassung an einer Anlage	✓	✓	✓[13]
Datenschutz	✓	✓	✓[14]
Digitaler Zwilling	✓	✗	✓[15]
Individualisierung der technologischen Lösung	✓	✗	✓[16]
IoT-Plattform	✓	✓	✓[17]
IT-Infrastruktur	✓	✓	✓[18]
Konnektivität einer Anlage	✓	✓	✓[19]

(Fortsetzung)

[7] Vgl. *Theurl, T./Meyer, E.*, Genossenschaftliche Institutionalisierung von Smart Services, 2022, S. 368 f.

[8] Vgl. *Matyas, K.*, Instandhaltungslogistik, 2022, S. 134 f.

[9] Vgl. *Matyas, K.*, Instandhaltungslogistik, 2022, S. 79.

[10] Vgl. *Matyas, K.*, Instandhaltungslogistik, 2022, S. 33.

[11] Vgl. *Huber, M./Oppermann, H.*, Machine Analytics, 2021, S. 228 f.

[12] Vgl. *Hankel, M.*, Unterwegs lernen zu laufen, 2021, S. 155.

[13] Vgl. *Foth, E.*, Smarte Services mit künstlicher Intelligenz, 2021, S. 5, 81.

[14] Vgl. *Kenner, K./Seiter, M.*, Kundenakzeptanz von Subscription Models, 2022, S. 212.

[15] Vgl. *Gerl, S.*, Innovative Geschäftsmodelle für industrielle Smart Services, 2020, S. 84.

[16] Vgl. *Mallach, M.* u. a., Implikationen von Smart Services für Geschäftsmodelle und Preissysteme, 2022, S. 234.

[17] Vgl. *Winter, J.*, Smart Data, Smart Products, Smart Services, 2022, S. 496.

[18] Vgl. *Foth, E.*, Smarte Services mit künstlicher Intelligenz, 2021, S. 4.

[19] Vgl. *Matyas, K.*, Instandhaltungslogistik, 2022, S. 134.

Tabelle 8.2 (Fortsetzung)

Voraussetzungen	Interviews	Bearing-Point-Studie	Literatur
Nachvollziehbarkeit für die Kunden	✓	✗	✗
Standardisierte Softwarebasis	✓	✗	✗
Abteilungsübergreifende Zusammenarbeit	✗	✓	✗

Quelle: Eigene Darstellung

Die erste Spalte beinhaltet alle Voraussetzungen, die in mindestens einer der drei Quellenarten genannt werden. In den Spalten zwei bis vier ist mit einem Haken oder X gekennzeichnet, in welchen der drei Quellenarten die einzelnen Voraussetzungen angegeben werden.

Durch die Gegenüberstellung wird zum einen ersichtlich, dass alle Voraussetzungen bis auf die abteilungsübergreifende Zusammenarbeit durch die Interviews im Rahmen dieser Arbeit abgedeckt werden. Zum anderen sind lediglich vier der in dieser Arbeit ermittelten Voraussetzungen weder in der Bearing-Point-Studie noch in der analysierten wissenschaftlichen Literatur zu finden. Daraus folgt, dass die Voraussetzungen aus den verschiedenen Quellenarten insgesamt sehr gut übereinstimmen, was die Ergebnisse dieser Arbeit bekräftigt.

Ergänzend dazu ist auffällig, dass in der Bearing-Point-Studie die geringste Anzahl an Voraussetzungen zu finden ist. Das kann jedoch damit begründet werden, dass der Fokus in der Bearing-Point-Studie nicht auf den Voraussetzungen, sondern auf verschiedenen Bereichen zum Thema Predictive Maintenance liegt und die Voraussetzungen daher nicht in der Tiefe betrachtet werden, wie es in dieser Arbeit der Fall ist. Dem gegenüber bringt die Bearing-Point-Studie mit der abteilungsübergreifenden Zusammenarbeit die einzige Voraussetzung ein, die nicht im Rahmen dieser Arbeit explizit erhoben wurde. Jedoch wird die abteilungsübergreifende Zusammenarbeit in dieser Arbeit dahingehend berücksichtigt, dass sie der Voraussetzung des Change-Managements beim Anbieter untergeordnet ist, da sie ein Resultat von Prozessänderungen darstellt.

Zudem kann durch die Recherchearbeiten festgehalten werden, dass sich die analysierte wissenschaftliche Literatur umfangreicher mit den technologischen als mit den organisatorischen Voraussetzungen beschäftigt. Ein möglicher Grund für diesen Fokus liegt in der überwiegenden technologischen Komplexität von Predictive Maintenance. Ergänzend dazu werden einige organisatorische Voraussetzungen wie bspw. das Change-Management im Allgemeinen und Kooperationen mit externen Partnern umfangreich in fachunabhängiger Literatur behandelt. Des Weiteren ist aus Tabelle 8.2 abzuleiten, dass nicht alle ermittelten Voraussetzungen in der analysierten wissenschaftlichen Literatur genannt werden, was sich darauf zurückführen lässt, dass Predictive Maintenance grundsätzlich ein sehr junges Fachgebiet ist, das von dem starken digitalen Wandel beeinflusst wird. Dem entsprechend ist die Forschung in diesem Fachgebiet noch nicht abgeschlossen und entwickelt sich stetig weiter.

Diese Ergebnisse bestärken die Validität der in dieser Arbeit ermittelten Voraussetzungen. Daher werden diese Voraussetzungen in das abschließende Modell in Teilkapitel 8.4 übernommen.

8.4 Entwicklung eines Modells

Für eine möglichst einfache Anwendbarkeit der vorgestellten Ergebnisse und Interpretationen in der unternehmerischen Praxis, wird das aus dieser Arbeit resultierende Modell in Tabelle 8.3 in Form einer Checkliste aufgestellt. Für eine klare Vorgehensweise sollte das zuvor definierte Ablaufmodell (siehe Abbildung 8.2) bei der Umsetzung hinzugezogen werden.

Das Modell ist an das Schema einer Likert-Skala angelehnt und beinhaltet in der ersten Spalte die in dieser Arbeit erhobenen Voraussetzungen und unterteilt diese in die Kategorien „Organisatorisch" sowie „Technologisch". Anders als in vorherigen Darstellungen sind die Voraussetzungen nicht alphabetisch, sondern anhand des Ablaufmodells sortiert. Das heißt, je früher eine Voraussetzung in der Umsetzung benötigt wird, desto höher ist sie in der entsprechenden Kategorie aufgelistet. Die Spalten zwei bis fünf stellen eine vierstufige Bewertungsskala von „(1) Erfüllt" bis „(4) Geplant" dar. Dabei ist „(1) Erfüllt" auszuwählen, wenn eine Voraussetzung erfüllt und einsatzbereit ist. Die zweite Bewertungsstufe „(2) Bearbeitung fortgeschritten" definiert den Umsetzungszustand einer Voraussetzung als weiterhin in Bearbeitung und kurz vor Fertigstellung. „(3) Bearbeitung begonnen" ist für Voraussetzungen zu wählen, die sich noch in den Anfängen der Umsetzung befinden. Die letzte Bewertungsstufe „(4) Geplant" gilt für Voraussetzungen, mit deren Umsetzung noch nicht begonnen wurde, diese jedoch für die Zukunft eingeplant ist. Abschließend bietet das Modell den Anwendern in Spalte sechs die Möglichkeit Kommentare zu den einzelnen Voraussetzungen anzugeben. Dabei kann es sich bspw. um Gründe für die Bewertungen oder Hinweise für das zukünftige Vorgehen handeln.

Tabelle 8.3 Voraussetzungsmodell

Voraussetzungen		(1) Erfüllt	(2) Bearbeitung fortgeschritten	(3) Bearbeitung begonnen	(4) Geplant	Kommentar
Organisatorisch	Interner Antreiber					
	Change-Management beim Anbieter					
	Business-Konzept					
	Know-how					
	Kooperation mit externen Partnern					
	Change-Management beim Kunden					
	Support-Personal auf Anbieterseite					
	Technisches Fachpersonal auf Kundenseite					
Technologisch	IT-Infrastruktur					
	Datenbank					
	Nachvollziehbarkeit für die Kunden					
	Standardisierte Softwarebasis					
	Individualisierung der technologischen Lösung					
	Datenerfassung an einer Anlage					
	Konnektivität einer Anlage					
	Abnutzungsvorrat ausnutzen					
	Datenauswertung/-analyse					
	IoT-Plattform					
	Digitaler Zwilling					
	Datenschutz					

Quelle: Eigene Darstellung

Für das Modell sind bewusst vier Bewertungsstufen und keine Mittelstufe definiert, um eine Schwächung der Aussagekraft der Einträge vorzubeugen, für den Fall, dass die Anwender eine Tendenz zur Mitte aufweisen. Dem entsprechend werden die Anwender dazu bewegt, eine eindeutige Stufe zu wählen, um einen klaren Zustand festhalten und Handlungsschritte ableiten zu können.

Das Modell kann für die folgenden zwei Fälle angewendet werden. Auf der einen Seite unterstützt das Modell Unternehmen, wie bspw. aus der Maschinenbaubranche, die ihren Kunden in Zukunft Predictive Maintenance anbieten möchten, jedoch noch keine Lösung umgesetzt haben. In diesem Fall bewertet das Unternehmen die Voraussetzungen zur Implementierung von Predictive Maintenance zunächst eigenständig auf Basis des Modells. Anschließend sind externe Partner und Kunden in das Projekt einzubeziehen und die Bewertung erneut durchzuführen. Auf der anderen Seite kann das Modell von Unternehmen verwendet werden, die bereits eine Predictive Maintenance-Lösung anbieten, um die Implementierung der Lösung bei neuen Kunden effektiver und effizienter zu gestalten. In beiden Anwendungsfällen ist die Bewertung des Umsetzungszustands der einzelnen Voraussetzungen in regelmäßigen Abständen bis zum Projektabschluss durchzuführen. Aus den jeweiligen Bewertungen wird ersichtlich, in welchem Bereich Handlungsbedarf besteht. Auf dieser Basis wiederum können entsprechende Maßnahmen eingeleitet werden.

Dieses Modell unterstützt somit anbietende Unternehmen sowohl bei der initialen Implementierung von Predictive Maintenance als auch bei der Implementierung einer bereits erarbeiteten Lösung bei weiteren Kunden.

Ein beispielhaft ausgefülltes Modell aus Sicht eines Unternehmens, dass sich in der Entwicklungsphase befindet, ist der Tabelle in Anhang VI im elektronischen Zusatzmaterial zu entnehmen. Auf eine detaillierte Fallbeschreibung wird aufgrund des Umfangs dieser Arbeit verzichtet.

Schlussbetrachtung 9

Dieses Kapitel fasst die zentralen Erkenntnisse der Arbeit in einem Fazit zusammen und unterzieht die Ergebnisse einer kritischen Bewertung. Ein Ausblick hinsichtlich der zukünftigen Bedeutung von Predictive Maintenance sowie der sich ergebenden weiterführenden Forschungsfragen bildet den Abschluss der vorliegenden Arbeit.

9.1 Fazit

Um die zu Beginn aufgestellte Fragestellung „Was sind die Voraussetzungen für eine erfolgreiche Implementierung von Predictive Maintenance im Maschinen- und Anlagenbau?" beantworten zu können, wurden zunächst die theoretischen Grundlagen für ein einheitliches Verständnis im Sinne des Top-Down-Ansatzes erläutert. Daraus wurde ersichtlich, dass es sich bei Predictive Maintenance um Smart Services und hybride Leistungsbündel im Instandhaltungskontext handelt. In diesem Zusammenhang wurden unterschiedliche Definitionsansätze aus der wissenschaftlichen Literatur verglichen und die daraus acht identifizierten Definitionskomponenten in Tabelle 4.1 aufgelistet. Für ein besseres Verständnis des Konzepts wurden zudem die Ziele strukturiert und die Mehrwerte den Herausforderungen gegenübergestellt.

Um die Bedeutung dieser Arbeit hervorzuheben, wurde anhand zweier Bearing-Point-Studien aufgezeigt, dass kaum ein Unternehmen die Potenziale von Predictive Maintenance ausschöpft und 25 % Prozent der befragten Unternehmen gar keine Aktivitäten in diesem Bereich durchführen.

Daran anschließend wurden mittels Durchführung von problemzentrierten Experteninterviews sowie der Methodik der qualitativen Inhaltsanalyse die Voraussetzungen für eine erfolgreiche Implementierung von Predictive Maintenance im Maschinen- und Anlagenbau ermittelt. Dabei konnten die 20 ermittelten Voraussetzungen in acht organisatorische und zwölf technologische kategorisiert werden. Diese wurden anschließend den Voraussetzungen aus der quantitativen Bearing-Point-Studie und der analysierten Fachliteratur gegenübergestellt. Hierbei wurde ersichtlich, dass die ermittelten Voraussetzungen inhaltlich alle Voraussetzungen der Studie sowie der analysierten Fachliteratur widerspiegeln.

Auf Basis dieser Ergebnisse wurde schließlich das Ablaufmodell (Abbildung 8.2) und das Voraussetzungsmodell (Tabelle 8.3) zur Implementierung von Predictive Maintenance aufgestellt.

Als Fazit dieser Vorgehensweise sowie den ermittelten Ergebnissen, lässt sich festhalten, dass die Fragestellung der vorliegenden Arbeit beantwortet wurde.

9.2   Kritische Bewertung

Für die zuvor beschriebene Beantwortung der Fragestellung sowie die Erreichung des Ziels dieser Arbeit, dass Unternehmen des Maschinen- und Anlagenbaus die Implementierung von Predictive Maintenance auf Basis der Ergebnisse dieser Arbeit effizienter und effektiver gestalten können, wurde eine Vielzahl an wissenschaftlicher Literatur analysiert sowie fünf problemzentrierte Experteninterviews durchgeführt. Aufgrund des Umfangs dieser Arbeit konnte jedoch weder die gesamte existierende Fachliteratur betrachtet, noch mehr als fünf Interviewteilnehmer befragt werden. Daher wurden sowohl die verwendete wissenschaftliche Literatur als auch die Interviewteilnehmer bewusst selektiv ausgewählt. Demzufolge erhebt diese Arbeit keinen Anspruch auf Vollständigkeit der Voraussetzungen zur Implementierung von Predictive Maintenance im Maschinen- und Anlagenbau.

Rückblickend sind die Methodik der qualitativen Inhaltsanalyse sowie das Erhebungsinstrument in Form von problemzentrierten Experteninterviews für den Anwendungsfall dieser wissenschaftlichen Arbeit als angemessen zu bewerten, da die interviewten Experten Erfahrungen aus der unternehmerischen Praxis mitbringen. Darüber hinaus ermöglicht diese Form der qualitativen Erhebung eine detaillierte Definition der genannten Voraussetzungen.

Nach abschließender Betrachtung lassen sich folgende Mehrwerte aus der vorliegenden Arbeit ableiten. Ein Mehrwert dieser Arbeit besteht darin, dass in der

analysierten wissenschaftlichen Literatur keine so umfangreichen und anwendbaren Modelle bzgl. der Voraussetzungen zur Implementierung von Predictive
Maintenance zu finden sind. In dieser Forschungslücke setzt diese Arbeit and
und trägt dazu bei, den aktuellen Forschungsstand weiterzuentwickeln. Neben
dieser wissenschaftlichen Weiterentwicklung entsteht ein weiterer Mehrwert für
Unternehmen im Maschinen- und Anlagenbau durch die beiden in dieser Arbeit
aufgestellten Ablauf- und Voraussetzungsmodelle. Diese Modelle erleichtern die
Implementierung von Predictive Maintenance in der unternehmerischen Praxis,
da alle Voraussetzungen von Beginn an berücksichtigt werden können. Demzufolge steigt die Wahrscheinlichkeit für eine erfolgreiche Implementierung.
Zudem kann das Voraussetzungsmodell durch Anbieter von Predictive Maintenance, wie in Teilkapitel 8.4 beschrieben, nicht nur einmalig für den Aufbau
des Konzepts sowie die initiale Implementierung, sondern ebenfalls für weitere
Implementierungen bei neuen Kunden eingesetzt werden.

Eine Generalisierbarkeit der beiden Modelle für alle Unternehmen sowie
Branchen kann nicht garantiert werden. Daher sind weiterführende Forschungen
notwendig, die in Teilkapitel 9.3 beschrieben werden.

Zusammenfassend lässt sich festhalten, dass das zu Beginn gestellte Ziel durch
die aufgestellten Voraussetzungs- sowie Ablaufmodelle erreicht wurde. Jedoch ist
bei der Verwendung der beiden Modelle darauf zu achten, dass sich in Zukunft
durch die stetige Weiterentwicklung der Digitalisierung neue Voraussetzungen
ergeben, sowie aktuelle Voraussetzungen hinfällig werden können. Aus diesem
Grund sind die im Rahmen dieser Arbeit aufgestellten Modelle einer kontinu-
ierlichen Kontrolle, Pflege und Anpassung zu unterziehen. Lediglich wenn die
erarbeiteten Modelle auf dem aktuellen Stand gehalten werden, ist eine zukünftige
Verwendung in der unternehmerischen Praxis zu gewährleisten.

9.3 Ausblick

Predictive Maintenance ist ein Thema, dass im Laufe der Zeit immer wichtiger wird. Es kann sich in Zukunft zu einer notwendigen Voraussetzung für den
Erhalt der Wettbewerbsfähigkeit von Unternehmen des Maschinen- und Anlagenbaus entwickeln. Diese Einschätzung teilen auch drei der Interviewteilnehmer,
die davon sprechen, dass ein Predictive Maintenance-Konzept von den Kunden
erwartet und der Verkauf von Anlagen ohne ein solches Konzept in Zukunft

kaum möglich sein wird.[1] Gleichzeitig wird betont, dass die Kunden so umfangreich von dem Konzept des Anbieters überzeugt werden müssen, dass diese
den Handlungsempfehlungen auf Basis der Algorithmen vertrauen und bereit
sind, die entsprechenden Investitionen zu tätigen.[2] Ergänzend dazu wird darauf hingewiesen, auf die Entwicklung der Qualitätsansprüche von den Kunden
zu achten. Diese sollten realistisch gehalten werden und zu den technologischen
Umsetzungsmöglichkeiten passen.[3]

Bereits 2017 haben zwei quantitative Erhebungen die hohe zukünftige Bedeu-
tung von Predictive Maintenance prognostiziert. So haben 66 % der Befragten
einer PwC-Studie angegeben, dass ein entsprechendes Konzept für das eigene
Unternehmen in Zukunft relevant wird.[4] In einer Studie von Frenus und T-
Systems haben sogar 77 % der Befragten Predictive Maintenance als zukünftige
Voraussetzung für den Erhalt der Wettbewerbsfähigkeit eingestuft.[5]

Mit dieser Arbeit wird die Basis für eine effizientere und effektivere Implementierung von Predictive Maintenance im Maschinen- und Anlagenbau gelegt.
Für eine Weiterentwicklung des wissenschaftlichen Bereichs und der erarbeiteten praktisch anwendbaren Modelle sind die folgenden Themen in zukünftigen
Forschungen zu untersuchen:

• Die Praxistauglichkeit der erarbeiteten Modelle durch Anwendung in realen
  Implementierungsprojekten.
• Die Gewichtung und Priorisierung der Voraussetzungen mittels Durchführung
  einer quantitativen Erhebung.
• Die Unterschiede zwischen den Voraussetzungen von Anbietern und Kunden
  mittels Durchführung einer quantitativen Erhebung.
• Die Übertragbarkeit der Modelle auf andere Branchen mittels Durchführung
  weiterer qualitativer sowie quantitativer Erhebungen.

---

[1] Vgl. *Interviewteilnehmer 2*, Voraussetzungen zur Implementierung von Predictive Maintenance, 2023; *Interviewteilnehmer 3*, Voraussetzungen zur Implementierung von Predictive
Maintenance, 2023; *Interviewteilnehmer 5*, Voraussetzungen zur Implementierung von Predictive Maintenance, 2023.

[2] Vgl. *Interviewteilnehmer 2*, Voraussetzungen zur Implementierung von Predictive Maintenance, 2023.

[3] Vgl. *Interviewteilnehmer 3*, Voraussetzungen zur Implementierung von Predictive Maintenance, 2023.

[4] Vgl. *PwC*, Digital Factories 2020, 2017, S. 26.

[5] Vgl. *Frenus/T-Systems*, Customers' Voice: Predictive Maintenance in Manufacturing, 2017,
S. 7.

- Die Ermittlung von Handlungsempfehlungen für den Umgang mit den Voraussetzungen und Herausforderungen.
- Die Entwicklung eines Modells, mit dem die Sinnhaftigkeit einer Implementierung von Predictive Maintenance in einem Unternehmen vorab ermittelt werden kann.

Infolge der Erforschung dieser Themen lässt sich die Implementierung von Predictive Maintenance in Zukunft weiter optimieren, wodurch Unternehmen Kosten und Zeit einsparen können.

Literaturverzeichnis

Ahner, Lena u. a. (Wissenstransfer für Smart Services, 2022): Wissenstransfer für Smart Services: Bedarf, Transferformate und Erfolgsmessung, in: *Manfred Bruhn/Karsten Hadwich* (Hrsg.), Smart Services, 2022, S. 321–343

Andelfinger, Volker P./Hänisch, Till (Hrsg.) (Industrie 4.0, 2017): Industrie 4.0: Wie cyberphysische Systeme die Arbeitswelt verändern, Wiesbaden/Heidelberg: Springer Gabler, 2017

Ayaz, Baris (Industrial Analytics, 2021): Industrial Analytics: Daten einfach und verständlich vermitteln und Perspektiven ableiten, in: *Thomas Schulz* (Hrsg.), Industrie 4.0, 2021, 247–266

Beverungen, Daniel/Priefer, Jennifer/zur Heiden, Philipp (Smart Service für die prädiktive Instandhaltung zentraler Komponenten des Mittelspannungs-Netzes, 2022): Smart Service für die prädiktive Instandhaltung zentraler Komponenten des Mittelspannungs-Netzes, in: *Manfred Bruhn/Karsten Hadwich* (Hrsg.), Smart Services, 2022, S. 436–458

Biedermann, Hubert/Kinz, Alfred (Lean Smart Maintenance, 2021): Lean Smart Maintenance: Agiles, lern- und wertschöpfungsorientiertes Instandhaltungsmanagement, Wiesbaden: Springer Fachmedien Wiesbaden; Imprint: Springer Gabler, 2021

Bitkom Research/Autodesk (Nutzung von Maschinen- und Sensordaten in Unternehmen 2017, 2017): Nutzung von Maschinen- und Sensordaten in Unternehmen 2017, 2017

Bruhn, Manfred/Hadwich, Karsten (Hrsg.) (Dienstleistungen 4.0, 2017): Dienstleistungen 4.0: Teil 1, Wiesbaden: Springer Gabler, 2017

Bruhn, Manfred/Hadwich, Karsten (Hrsg.) (Dienstleistungen 4.0, 2017): Dienstleistungen 4.0: Teil 2, Wiesbaden: Springer Gabler, 2017

Bruhn, Manfred/Hadwich, Karsten (Automatisierung und Personalisierung als Zukunftsdisziplinen des Dienstleistungsmanagements, 2020): Automatisierung und Personalisierung als Zukunftsdisziplinen des Dienstleistungsmanagements, in: *Manfred Bruhn/Karsten Hadwich* (Hrsg.), Automatisierung und Personalisierung von Dienstleistungen, 2020, S. 3–44

Bruhn, Manfred/Hadwich, Karsten (Hrsg.) (Automatisierung und Personalisierung von Dienstleistungen, 2020): Automatisierung und Personalisierung von Dienstleistungen: Konzepte – Kundeninteraktionen – Geschäftsmodelle – Band 1, Band 1, Wiesbaden, Germany/Heidelberg: Springer Gabler, 2020

© Der/die Herausgeber bzw. der/die Autor(en), exklusiv lizenziert an Springer Fachmedien Wiesbaden GmbH, ein Teil von Springer Nature 2025
M. Reinknecht, *Ermittlung von Voraussetzungen zur Implementierung von Predictive Maintenance im Maschinen- und Anlagenbau*, BestMasters,
https://doi.org/10.1007/978-3-658-46915-3

Bruhn, Manfred/Hadwich, Karsten (Hrsg.) (Automatisierung und Personalisierung von Dienstleistungen, 2020): Automatisierung und Personalisierung von Dienstleistungen: Methoden – Potenziale – Einsatzfelder, Wiesbaden: Springer Fachmedien Wiesbaden; Imprint: Springer Gabler, 2020

Bruhn, Manfred/Hadwich, Karsten (Hrsg.) (Künstliche Intelligenz Im Dienstleistungsmanagement, 2021): Künstliche Intelligenz Im Dienstleistungsmanagement: Band 1: Geschäftsmodelle – Serviceinnovationen – Implementierung, Wiesbaden: Springer Fachmedien Wiesbaden GmbH, 2021

Bruhn, Manfred/Hadwich, Karsten (Hrsg.) (Smart Services, 2022): Smart Services: Band 1: Konzepte – Methoden – Prozesse, Band 1, Wiesbaden, Germany: Springer Gabler, 2022

Bruhn, Manfred/Hadwich, Karsten (Hrsg.) (Smart Services, 2022): Smart Services: Band 2: Geschäftsmodelle – Erlösmodelle – Kooperationsmodelle, Band 2, Wiesbaden/ Heidelberg: Springer Gabler, 2022

Bruhn, Manfred/Hadwich, Karsten (Hrsg.) (Smart Services, 2022): Smart Services: Band 3: Kundenperspektive – Mitarbeiterperspektive – Rechtsperspektive, Band 3, Wiesbaden/ Heidelberg: Springer Gabler, 2022

Bruhn, Manfred/Hadwich, Karsten (Smart Services im Dienstleistungsmanagement, 2022): Smart Services im Dienstleistungsmanagement: Erscheinungsformen, Gestaltungsoptionen und Innovationspotenziale, in: *Manfred Bruhn/Karsten Hadwich* (Hrsg.), Smart Services, 2022, S. 3–60

Bruhn, Manfred/Hadwich, Karsten (Smart Services im Dienstleistungsmanagement, 2022): Smart Services im Dienstleistungsmanagement: Erscheinungsformen, Gestaltungsoptionen und Innovationspotenziale, in: *Manfred Bruhn/Karsten Hadwich* (Hrsg.), Smart Services, 2022, S. 3–60

Bruhn, Manfred/Meffert, Heribert/Hadwich, Karsten (Handbuch Dienstleistungsmarketing, 2019): Handbuch Dienstleistungsmarketing: Planung – Umsetzung – Kontrolle, 2., vollständig überarbeitete und erweiterte Auflage, Wiesbaden: Springer Gabler, 2019

Buber, Renate/Holzmüller, Hartmut H. (Hrsg.) (Qualitative Marktforschung, 2009): Qualitative Marktforschung: Konzepte – Methoden – Analysen, 2., überarb. Aufl., Wiesbaden: Gabler, 2009

Büchel, Jan/Engels, Barbara (Digitalisierung der Wirtschaft in Deutschland, 2023): Digitalisierung der Wirtschaft in Deutschland: Digitalisierungsindex 2022, Berlin, 2023, <https://www.de.digital/DIGITAL/Navigation/DE/Lagebild/Digitalisierungsindex/digitalisierungsindex.html> [Zugriff: 2023–06–03 MESZ]

Bullinger, Hans-Jörg/Ganz, Walter/Neuhüttler, Jens (Smart Services, 2017): Smart Services: Chancen und Herausforderungen digitalisierter Dienstleistungssysteme für Unternehmen, in: *Manfred Bruhn/Karsten Hadwich* (Hrsg.), Dienstleistungen 4.0, 2017, S. 97–120

Bullinger, Hans-Jörg/Scheer, August-Wilhelm (Hrsg.) (Service engineering, 2006): Service engineering: Entwicklung und Gestaltung innovativer Dienstleistungen, 2., vollst. überarb. und erw. Aufl., Berlin/Heidelberg: Springer, 2006

Corsten, Hans (Hrsg.) (Dienstleistungsmanagement, 2015): Dienstleistungsmanagement, 6., vollst. überarb. und aktualisierte Aufl., Berlin/Boston: De Gruyter Oldenbourg, 2015

Corsten, Hans/Gössinger, Ralf (Dienstleistungsmanagement, 2015): Dienstleistungsmanagement, in: *Hans Corsten* (Hrsg.), Dienstleistungsmanagement, 2015

Deutsches Institut für Normung e.V.: DIN 31051:2012–09, Grundlagen der Instandhaltung, Ausgabe: 2012, <https://www.enip.ch/images/enip/pdfs/ih-grundlage-din-31051.pdf>, (Zugriff 19.04.2023 MESZ)

Dlugosch, Georg (Die Zukunft des Maschinenbaus liegt in Daten, 2021): Die Zukunft des Maschinenbaus liegt in Daten, in: VDI nachrichten 2021, Heft 44, S. 22–23, <https://e-paper.vdi-nachrichten.com/webreader-v3/index.html#/3159/22>, (Zugriff 03.06.2023 MESZ)

Döring, Nicola (Datenanalyse, 2023): Datenanalyse, in: *Nicola Döring* (Hrsg.), Forschungsmethoden und Evaluation in den Sozial- und Humanwissenschaften, 2023, S. 587–766

Döring, Nicola (Datenaufbereitung, 2023): Datenaufbereitung, in: *Nicola Döring* (Hrsg.), Forschungsmethoden und Evaluation in den Sozial- und Humanwissenschaften, 2023, S. 571–586

Döring, Nicola (Datenerhebung, 2023): Datenerhebung, in: *Nicola Döring* (Hrsg.), Forschungsmethoden und Evaluation in den Sozial- und Humanwissenschaften, 2023, S. 321–570

Döring, Nicola (Empirische Sozialforschung im Überblick, 2023): Empirische Sozialforschung im Überblick, in: *Nicola Döring* (Hrsg.), Forschungsmethoden und Evaluation in den Sozial- und Humanwissenschaften, 2023, S. 3–30

Döring, Nicola (Hrsg.) (Forschungsmethoden und Evaluation in den Sozial- und Humanwissenschaften, 2023): Forschungsmethoden und Evaluation in den Sozial- und Humanwissenschaften, 6., vollständig überarbeitete, aktualisierte und erweiterte Auflage, Heidelberg: Springer, 2023

Döring, Nicola (Qualitätskriterien in der empirischen Sozialforschung, 2023): Qualitätskriterien in der empirischen Sozialforschung, in: *Nicola Döring* (Hrsg.), Forschungsmethoden und Evaluation in den Sozial- und Humanwissenschaften, 2023, S. 79–118

Döring, Nicola (Stichprobenziehung, 2023): Stichprobenziehung, in: *Nicola Döring* (Hrsg.), Forschungsmethoden und Evaluation in den Sozial- und Humanwissenschaften, 2023, S. 293–320

Döring, Nicola (Wissenschaftstheoretische Grundlagen der empirischen Sozialforschung, 2023): Wissenschaftstheoretische Grundlagen der empirischen Sozialforschung, in: *Nicola Döring* (Hrsg.), Forschungsmethoden und Evaluation in den Sozial- und Humanwissenschaften, 2023, S. 31–78

dr. dresing & pehl GmbH (Hrsg.) (f4x Automatische Spracherkennung, 2023): f4x Automatische Spracherkennung (2023), <https://www.audiotranskription.de/f4x/>, (Zugriff 28.05.2023 MESZ)

Duscheck, Frank/Gehrmann, Sven/Blameuser, Ralf (Predictive Maintenance Studie 2021, 2021): Predictive Maintenance Studie 2021: Technologische Hürden sind überwindbar – Erste messbare Erfolge geben Aufwind, 2021

Dzombeta, Srdan/Kalender, Andreas/Schmidt, Sebastian (Datensicherheit bei Smart Services und Cloud-Sicherheit und Datenschutz im Cloud-Computing, 2021): Datensicherheit bei Smart Services und Cloud-Sicherheit und Datenschutz im Cloud-Computing, in: *Thomas Schulz* (Hrsg.), Industrie 4.0, 2021, 289–310

Foth, Egmont (Smarte Services mit künstlicher Intelligenz, 2021): Smarte Services mit künstlicher Intelligenz: Best Practices der Transformation zum digitalisierten, datengetriebenen Unternehmen, Wiesbaden: Springer Fachmedien Wiesbaden; Imprint: Springer Vieweg, 2021

Fourastié, Jean Joseph Hubert (Die große Hoffnung des zwanzigsten Jahrhunderts, 1954): Die große Hoffnung des zwanzigsten Jahrhunderts, Le Grand Espoir du XXe siècle, Köln-Deutz: Bund-Verlag GmbH, 1954

Frenus/T-Systems (Hrsg.) (Customers' Voice: Predictive Maintenance in Manufacturing, 2017): Customers' Voice: Predictive Maintenance in Manufacturing (2017), <https://de. statista.com/statistik/daten/studie/819148/umfrage/zukunftsfaehigkeit-von-predictive-maintenance-in-europa/>, (Zugriff 16.08.2023 MESZ)

Freund, Curt (Die Instandhaltung im Wandel, 2010): Die Instandhaltung im Wandel, in: *Michael Schenk* (Hrsg.), Instandhaltung technischer Systeme, 2010, S. 1–22

Freund, Curt/Ryll, Frank (Grundlagen der Instandhaltung, 2010): Grundlagen der Instandhaltung, in: *Michael Schenk* (Hrsg.), Instandhaltung technischer Systeme, 2010, S. 23–101

Galipoglu, Erdem/Wolter, Melinda (Typologien industrienaher Dienstleistungen: Eine Literaturübersicht, 2017): Typologien industrienaher Dienstleistungen: Eine Literaturübersicht, in: *Oliver Thomas/Markus Nüttgens/Michael Fellmann* (Hrsg.), Smart Service Engineering, 2017, 170–192

Gerl, Sabrina (Innovative Geschäftsmodelle für industrielle Smart Services, 2020): Innovative Geschäftsmodelle für industrielle Smart Services: Ein Vorgehensmodell zur systematischen Entwicklung, Wiesbaden: Springer Gabler, 2020

Goedkoop, Mark J. u. a. (Product Service systems, Ecological and Economic Basics, 1999): Product Service systems, Ecological and Economic Basics: The Hague, 1999

Gorldt, Christian u. a. (Product-Service Systems im Zeitalter von Industrie 4.0 in Produktion und Logistik, 2017): Product-Service Systems im Zeitalter von Industrie 4.0 in Produktion und Logistik: Auf dem Weg zu Cyber-Physischen Product-Service Systemen, in: *Manfred Bruhn/Karsten Hadwich* (Hrsg.), Dienstleistungen 4.0, 2017, S. 363–378

Haller, Sabine/Wissing, Christian (Dienstleistungsmanagement, 2022): Dienstleistungsmanagement: Grundlagen – Konzepte – Instrumente, 9., überarbeitete und erweiterte Auflage, Wiesbaden/Heidelberg: Springer Gabler, 2022

Hankel, Martin (Unterwegs lernen zu laufen, 2021): Unterwegs lernen zu laufen: Smarte Produkte und Lösungen explorativ und agil entwickeln, in: *Thomas Schulz* (Hrsg.), Industrie 4.0, 2021, S. 135–155

Helfferich, Cornelia (Die Qualität qualitativer Daten, 2009): Die Qualität qualitativer Daten: Manual für die Durchführung qualitativer Interviews, 3., überarb. Aufl., Wiesbaden: VS Verlag für Sozialwissenschaften, 2009

Helmke, Stefan/Uebel, Matthias/Dangelmaier, Wilhelm (Hrsg.) (Effektives Customer Relationship Management, 2017): Effektives Customer Relationship Management: Instrumente – Einführungskonzepte – Organisation, 6., überarbeitete Auflage, Wiesbaden: Springer Gabler, 2017

Helmke, Stefan/Uebel, Matthias/Dangelmaier, Wilhelm (Grundlagen und Ziele des CRM-Ansatzes, 2017): Grundlagen und Ziele des CRM-Ansatzes, in: *Stefan Helmke/Matthias Uebel/Wilhelm Dangelmaier* (Hrsg.), Effektives Customer Relationship Management, 2017, S. 4–21

Huber, Marco/Oppermann, Henrik (Machine Analytics, 2021): Machine Analytics: Wie aus Daten Werte für Industrie 4.0 entstehen, in: *Thomas Schulz* (Hrsg.), Industrie 4.0, 2021, S. 223–245

Hübschle, Klaus (Big Data, 2021): Big Data: Vom Hype zum realen Nutzen in der industriellen Anwendung, in: *Thomas Schulz* (Hrsg.), Industrie 4.0, 2021, S. 197–221

Husen, Christian v. u. a. (Smart Tools für Smart Services, 2022): Smart Tools für Smart Services: Digitalisierte Serviceentwicklung für mehr Qualität, in: *Manfred Bruhn/Karsten Hadwich* (Hrsg.), Smart Services, 2022, S. 481–504

Husen, Christian v./Imran, Saed/Droll, Carsten (Parameterbasierte Entwicklung von Dienstleistungen in Produkt-Service-Systemen, 2017): Parameterbasierte Entwicklung von Dienstleistungen in Produkt-Service-Systemen, in: *Manfred Bruhn/Karsten Hadwich* (Hrsg.), Dienstleistungen 4.0, 2017, 315–333

Husen, Christian v./Rahman, Abdul/Razek, Abdel (Vom Prozessmodell zum digital erlebbaren Prototypen, 2020): Vom Prozessmodell zum digital erlebbaren Prototypen: Pay-per Use-Konzept für eine Verpackungsanlage, in: *Manfred Bruhn/Karsten Hadwich* (Hrsg.), Automatisierung und Personalisierung von Dienstleistungen, 2020, S. 390–413

Husen, Christian v./Rahman, Abdul/Razek, Abdel (Entwicklung von Smart Service-Leistungen mit Einsatz neuer Technologien, 2021): Entwicklung von Smart Service-Leistungen mit Einsatz neuer Technologien, in: *Manfred Bruhn/Karsten Hadwich* (Hrsg.), Künstliche Intelligenz Im Dienstleistungsmanagement, 2021, S. 212–238

Interviewteilnehmer 1 (Voraussetzungen zur Implementierung von Predictive Maintenance, 2023): Voraussetzungen zur Implementierung von Predictive Maintenance, Interview vom 25. Mai 2023 in Paderborn

Interviewteilnehmer 2 (Voraussetzungen zur Implementierung von Predictive Maintenance, 2023): Voraussetzungen zur Implementierung von Predictive Maintenance, Interview vom 30. Mai 2023 in Paderborn

Interviewteilnehmer 3 (Voraussetzungen zur Implementierung von Predictive Maintenance, 2023): Voraussetzungen zur Implementierung von Predictive Maintenance, Interview vom 02. Juni 2023 in Paderborn

Interviewteilnehmer 4 (Voraussetzungen zur Implementierung von Predictive Maintenance, 2023): Voraussetzungen zur Implementierung von Predictive Maintenance, Interview vom 16. Juni 2023 in Paderborn

Interviewteilnehmer 5 (Voraussetzungen zur Implementierung von Predictive Maintenance, 2023): Voraussetzungen zur Implementierung von Predictive Maintenance, Interview vom 23. Juni 2023 in Paderborn

Jensen, Marcus/Brock, Christian (Smart Services und Industrial-Internet-of-Things auf Industriegütermärkten, 2022): Smart Services und Industrial-Internet-of-Things auf Industriegütermärkten, in: *Manfred Bruhn/Karsten Hadwich* (Hrsg.), Smart Services, 2022, 208–227

Kaiser, Robert (Qualitative Experteninterviews, 2021): Qualitative Experteninterviews: Konzeptionelle Grundlagen und praktische Durchführung, 2., aktualisierte Auflage, Wiesbaden: Springer VS, 2021

Kenner, Kassian/Seiter, Mischa (Kundenakzeptanz von Subscription Models, 2022): Kundenakzeptanz von Subscription Models: Akzeptanzhürden und Lösungsansätze, in: *Manfred Bruhn/Karsten Hadwich* (Hrsg.), Smart Services, 2022, S. 198–217

Klostermann, Tanja (Optimierung kooperativer Dienstleistungen im technischen Kundendienst des Maschinenbaus, 2007): Optimierung kooperativer Dienstleistungen im technischen Kundendienst des Maschinenbaus, Zugl.: Stuttgart, Univ., Diss., 2007 u.d.T.: Klostermann, Tanja: Regelbasierte Optimierung kooperativer Dienstleistungen im technischen Kundendienst des Maschinenbaus, Wiesbaden: Gabler, 2007

Kreis, Henning/Wildner, Raimund/Kuß, Alfred (Marktforschung, 2021): Marktforschung: Datenerhebung und Datenanalyse, 7., überarbeitete Auflage, Wiesbaden/Heidelberg: Springer Gabler, 2021

Kruse, Jan (Qualitative Interviewforschung, 2015): Qualitative Interviewforschung: Ein integrativer Ansatz, 2., überarbeitete und ergänzte Auflage, Weinheim/Basel: Beltz Juventa, 2015

Kuckartz, Udo/Rädiker, Stefan (Qualitative Inhaltsanalyse. Methoden, Praxis, Computerunterstützung, 2022): Qualitative Inhaltsanalyse. Methoden, Praxis, Computerunterstützung: Grundlagentexte Methoden, 5. Auflage, Weinheim/Basel: Beltz Juventa, 2022

Kurz, Andrea u. a. (Das problemzentrierte Interview, 2009): Das problemzentrierte Interview, in: *Renate Buber/Hartmut H. Holzmüller* (Hrsg.), Qualitative Marktforschung, 2009, S. 463–475

Lughofer, Edwin/Sayed-Mouchaweh, Moamar (Hrsg.) (Predictive maintenance in dynamic systems, 2019): Predictive maintenance in dynamic systems: Advanced methods, decision support tools and real-world applications, Cham: Springer, 2019

Lughofer, Edwin/Sayed-Mouchaweh, Moamar (Prologue: Predictive Maintenance in Dynamic Systems, 2019): Prologue: Predictive Maintenance in Dynamic Systems, in: *Edwin Lughofer/Moamar Sayed-Mouchaweh* (Hrsg.), Predictive maintenance in dynamic systems, 2019, S. 1–23

Mallach, Marcel/Düppre, Sebastian/Roth, Stefan (Implikationen von Smart Services für Geschäftsmodelle und Preissysteme, 2022): Implikationen von Smart Services für Geschäftsmodelle und Preissysteme, in: *Manfred Bruhn/Karsten Hadwich* (Hrsg.), Smart Services, 2022, S. 232–254

Matyas, Kurt (Instandhaltungslogistik, 2022): Instandhaltungslogistik: Qualität und Produktivität steigern, 8., aktualisierte Auflage, München: Hanser, 2022

Matzkovits, Jan u. a. (Predictive Maintenance, 2017): Predictive Maintenance: Integration und Kommunikation im Automobilsektor, in: *Volker P. Andelfinger/Till Hänisch* (Hrsg.), Industrie 4.0, 2017, S. 83–89

Mayring, Philipp (Qualitative Inhaltsanalyse, 2022): Qualitative Inhaltsanalyse: Grundlagen und Techniken, 13., überarbeitete Auflage, Weinheim/Basel: Beltz, 2022

Meier, Horst (Hrsg.) (Integrierte industrielle Sach- und Dienstleistungen, 2012): Integrierte industrielle Sach- und Dienstleistungen: Vermarktung, Entwicklung und Erbringung hybrider Leistungsbündel, Berlin/Heidelberg: Springer Vieweg, 2012

Meier, Horst/Uhlmann, Eckart (Hybride Leistungsbündel – ein neues Produktverständnis, 2012): Hybride Leistungsbündel – ein neues Produktverständnis, in: *Horst Meier* (Hrsg.), Integrierte industrielle Sach- und Dienstleistungen, 2012, S. 1–21

Missel, Sebastian (Gender-Hinweis, 2023): Gender-Hinweis (2023), <https://www.ihk.de/aachen/servicemarken/gender-hinweis-5174804>, (Zugriff 08.06.2023 MESZ)

Neuhüttler, Jens u. a. (Künstliche Intelligenz in Smart-Service-Systemen, 2020): Künstliche Intelligenz in Smart-Service-Systemen: Eine Qualitätsbetrachtung, in: *Manfred Bruhn/Karsten Hadwich* (Hrsg.), Automatisierung und Personalisierung von Dienstleistungen, 2020, S. 206–233

Paluch, Stefanie (Smart Services, 2017): Smart Services: Analyse von strategischen und operativen Auswirkungen, in: *Manfred Bruhn/Karsten Hadwich* (Hrsg.), Dienstleistungen 4.0, 2017, S. 159–183

Pieringer, Eva/Totzek, Dirk (Treiber der Adoption smarter Solutions im Business-to-Business-Kontext, 2022): Treiber der Adoption smarter Solutions im Business-to-Business-Kontext, in: *Manfred Bruhn/Karsten Hadwich* (Hrsg.), Smart Services, 2022, S. 220–240

PwC (Hrsg.) (Digital Factories 2020, 2017): Digital Factories 2020 (2017), <https://de.sta tista.com/statistik/daten/studie/718923/umfrage/nutzung-unternehmensrelevanter-kon zepte-in-deutschland/>, (Zugriff 16.08.2023 MESZ)

Richter, Herbert Michael/Tschandl, Martin (Service Engineering – Neue Services erfolgreich gestalten und umsetzen, 2017): Service Engineering – Neue Services erfolgreich gestalten und umsetzen, in: *Manfred Bruhn/Karsten Hadwich* (Hrsg.), Dienstleistungen 4.0, 2017, 157–184

Roth, Stefan/Priester, Anna/Pütz, Christopher (Personalisierte Preise für Dienstleistungen, 2020): Personalisierte Preise für Dienstleistungen, in: *Manfred Bruhn/Karsten Hadwich* (Hrsg.), Automatisierung und Personalisierung von Dienstleistungen, 2020, S. 360–388

Ryll, Frank/Götze, Jens (Methoden und Werkzeuge zur Instandhaltung technischer Systeme, 2010): Methoden und Werkzeuge zur Instandhaltung technischer Systeme, in: *Michael Schenk* (Hrsg.), Instandhaltung technischer Systeme, 2010, S. 103–229

Schenk, Michael (Hrsg.) (Instandhaltung technischer Systeme, 2010): Instandhaltung technischer Systeme: Methoden und Werkzeuge zur Gewährleistung eines sicheren und wirtschaftlichen Anlagenbetriebs, Berlin, Heidelberg: Springer Berlin Heidelberg, 2010

Schmidt, Simon L. u. a. (Mit LabTeams KI gestalten, 2022): Mit LabTeams KI gestalten: Eine neue Methode für die menschenzentrierte Gestaltung von KI-basierten IT-Support-Services, in: *Manfred Bruhn/Karsten Hadwich* (Hrsg.), Smart Services, 2022, S. 253–271

Schnaars, Nico u. a. (Performance-based Contracting im Maschinen- und Anlagenbau, 2022): Performance-based Contracting im Maschinen- und Anlagenbau, in: *Manfred Bruhn/Karsten Hadwich* (Hrsg.), Smart Services, 2022, S. 278–305

Schou, Lone u. a. (Validation of a new assessment tool for qualitative research articles, 2012): Validation of a new assessment tool for qualitative research articles, in: Journal of advanced nursing 68 (2012), Heft 9, S. 2086–2094, https://doi.org/10.1111/j.1365-2648.2011.05898.x

Schulz, Thomas (Hrsg.) (Industrie 4.0, 2021): Industrie 4.0: Potenziale erkennen und umsetzen, 2., aktualisierte und überarbeitete Auflage, Würzburg: Vogel Communications Group, 2021

Spath, Dieter/Demuß, Lutz (Entwicklung hybrider Produkte, 2006): Entwicklung hybrider Produkte: Gestaltung materieller und immaterieller Leistungsbündel, in: *Hans-Jörg Bullinger/August-Wilhelm Scheer* (Hrsg.), Service engineering, 2006, S. 463–502

Statistisches Bundesamt (Bruttoinlandsprodukt 2020 für Deutschland – Begleitmaterial zur Pressekonferenz, 2021): Bruttoinlandsprodukt 2020 für Deutschland – Begleitmaterial zur Pressekonferenz: Begleitmaterial zur Pressekonferenz (2021), <https://www.destatis.de/DE/Presse/Pressekonferenzen/2021/BIP2020/pressebroschuere-bip.html>, (Zugriff 05.04.2023 MESZ)

Statistisches Bundesamt (Erwerbstätige im Inland nach Wirtschaftssektoren, 2023): Erwerbstätige im Inland nach Wirtschaftssektoren, <https://www.destatis.de/DE/Themen/Wirtschaft/Konjunkturindikatoren/Lange-Reihen/Arbeitsmarkt/lrerw13a.html>, (Zugriff 07.04.2023 MESZ)

Statistisches Bundesamt (Inlandsproduktsberechnung – 4. Vierteljahr 2022, 2023): Inlandsproduktsberechnung – 4. Vierteljahr 2022: Fachserie 18 Reihe 1.2 – 4. Vierteljahr 2022, <https://www.destatis.de/DE/Themen/Wirtschaft/Volkswirtschaftliche-Gesamtrechnungen-Inlandsprodukt/Publikationen/Downloads-Inlandsprodukt/inlandsprodukt-vierteljahr-pdf-2180120.html>, (Zugriff 05.04.2023 MESZ)

Steffen, Adrienne/Doppler, Susanne (Einführung in die Qualitative Marktforschung, 2019): Einführung in die Qualitative Marktforschung: Design – Datengewinnung – Datenauswertung, Wiesbaden/Heidelberg: Springer Gabler, 2019

Steinke/Ines (Die Güte qualitativer Marktforschung, 2009): Die Güte qualitativer Marktforschung, in: *Renate Buber/Hartmut H. Holzmüller* (Hrsg.), Qualitative Marktforschung, 2009, S. 261–283

Strunz, Matthias (Instandhaltung, 2012): Instandhaltung: Grundlagen – Strategien – Werkstätten, Berlin/Heidelberg: Springer Vieweg, 2012

Theurl, Theresia/Meyer, Eric (Genossenschaftliche Institutionalisierung von Smart Services, 2022): Genossenschaftliche Institutionalisierung von Smart Services, in: *Manfred Bruhn/ Karsten Hadwich* (Hrsg.), Smart Services, 2022, S. 361–391

Thomas, Oliver/Nüttgens, Markus/Fellmann, Michael (Hrsg.) (Smart Service Engineering, 2017): Smart Service Engineering: Konzepte und Anwendungsszenarien für die digitale Transformation, Wiesbaden: Springer Fachmedien Wiesbaden, 2017

Tombeil, Anne-Sophie/Neuhüttler, Jens/Ganz, Walter (Neue Wertschöpfung braucht ein erweitertes Qualitätsverständnis zur Gestaltung von Smart Service-Systemen, 2022): Neue Wertschöpfung braucht ein erweitertes Qualitätsverständnis zur Gestaltung von Smart Service-Systemen, in: *Manfred Bruhn/Karsten Hadwich* (Hrsg.), Smart Services, 2022, S. 506–528

Tukker, Arnold (Eight types of product–service system: eight ways to sustainability? Experiences from SusProNet, 2004): Eight types of product–service system: eight ways to sustainability? Experiences from SusProNet, in: Bus. Strat. Env. 13 (2004), 13 // 4, S. 246–260, https://doi.org/10.1002/bse.414

VERBI Software GmbH (Inhaltsanalyse mit MAXQDA, 2023): Inhaltsanalyse mit MAXQDA (2023), <https://www.maxqda.com/de/inhaltsanalyse>, (Zugriff 28.05.2023 MESZ)

Weiber, Rolf/Kleinaltenkamp, Michael/Geiger, Ingmar (Business- und Dienstleistungsmarketing, 2022): Business- und Dienstleistungsmarketing: Die Vermarktung integrativ erstellter Leistungsbündel, 2., erweiterte und aktualisierte Auflage, Stuttgart: Verlag W. Kohlhammer, 2022

Wellsandt, Stefan/Anke, Jürgen/Thoben, K.-D. (Modellierung der Lebenszyklen von Smart Services, 2017): Modellierung der Lebenszyklen von Smart Services, in: *Oliver Thomas/ Markus Nüttgens/Michael Fellmann* (Hrsg.), Smart Service Engineering, 2017, S. 233–256

Winter, Johannes (Smart Data, Smart Products, Smart Services, 2022): Smart Data, Smart Products, Smart Services: Innovationen und neue Leistungsversprechen in Industrie, Dienstleistung und Handel, in: *Manfred Bruhn/Karsten Hadwich* (Hrsg.), Smart Services, 2022, S. 489–513

Witzel, Andreas (Das problemzentrierte Interview, 2000): Das problemzentrierte Interview (2000), <https://www.qualitative-research.net/index.php/fqs/article/view/1132/2519>, (Zugriff 21.05.2023 MESZ)

Witzel, Andreas/Reiter, Herwig (Das problemzentrierte Interview, 2022): Das problemzentrierte Interview: eine praxisorientierte Einführung, Weinheim: Beltz Juventa, 2022

Printed in the United States
by Baker & Taylor Publisher Services